AF356405

NOTICE

SUR

LA NATURE ET LA CULTURE

DU POMMIER,

*La qualité des Pommes et leur vraie combinaison,
pour faire un cidre délicat et bienfaisant;*

Par M. RENAULT,

Ancien principal de la Maison d'éducation militaire de Saint-Louis de la Saussaye, ci-devant professeur de sciences naturelles à l'École centrale de l'Orne, licencié ès-sciences, membre des Sociétés d'émulation de Rouen, d'Alençon, du Comité d'Agriculture et de plusieurs autres Sociétés savantes.

A PARIS,

De l'Imprimerie et dans la Librairie de Madame Huzard
(née Vallat la Chapelle),
Rue de l'Éperon Saint-André-des-Arts, n°. 7.

1817.

INTRODUCTION.

Présenter aux habitans du nord et de l'ouest de la France une simple notice sur la culture des différentes espèces de pommiers sauvages propres à fournir les cidres, n'est-ce pas être utile à l'agriculture? Chercher à instruire le propriétaire sur ses propres intérêts, et seconder le goût de ces hommes qui, pour la plupart, rejettent l'eau que leur présente la nature, comme ils dédaignent le vin de leurs voisins pour ne faire leurs délices que du cidre, une des plus riches productions de leur pays; enfin faire connaître cette vraie combinaison de pommes, qui seule peut rendre le cidre délicat et bienfaisant : n'est-ce pas donner au cultivateur un guide fidèle pour bien conduire une opération précieuse à la santé, mais trop long-temps abandonnée à la routine, et rendre à l'économie particulière des départemens cidreux les mêmes services que des auteurs aussi zélés que savans ont rendus aux habitans des pays vignobles en traitant de la vigne et des vins?

Une étude particulière du pommier, des observations raisonnées, de longues recherches et une suite d'expériences soutenues par le seul désir de réussir, nous ont portés à débarrasser les pommiers à cidre d'une foule de noms aussi bizarres qu'insignifians ; noms inventés par le hasard, la fantaisie et l'ignorance, et aussi variés que les pommes elles-mêmes peuvent présenter de différences sur un même sujet.

Cette Notice doit paraître d'autant plus utile qu'elle peut seule suffire pour mettre le cultivateur en état de connaître par lui-même les espèces de pommiers qui conviennent à la nature du sol, aux influences du climat où il habite, et au goût qu'il a de se procurer telle ou telle qualité de cidre.

Pour former un tableau méthodique des pommiers à cidre, il suffit de les

diviser en trois classes, en les rapprochant
de leurs vrais noms, soit qu'ils soient
pris dans la nature de l'arbre, soit qu'ils
soient indiqués par quelques qualités du
fruit; ce qui forme un nombre suffisant
de pommes pour la combinaison des
meilleurs cidres.

Première classe. Pommiers à fruits
précoces.

Deuxième classe. Pommiers à fruits de
pleine saison.

Troisième classe. Pommiers à fruits
tardifs.

Ces classes sont sous-divisées d'après les
différentes qualités du fruit, soit qu'il se
trouve d'une saveur douc , acide ou
amère, soit qu'il ait quelque autre caractère pour le désigner. Chaque article
contient la description la plus fidèle et la
plus complète de l'arbre, de la fleur et
du fruit; il indique, de plus, le sol, l'exposition et la culture particulière qui
convient à chaque espèce; et il désigne
les fruits qui doivent entrer pour une

quantité déterminée dans la fabrication des cidres. Nous avons profité dans tout l'ouvrage des plus petites circonstances pour faire connaître les moyens de bien cultiver le pommier, en conservant certains bons usages qu'il serait dangereux de vouloir anéantir; tandis que nous nous efforçons d'en détruire de barbares comme nuisibles à une des plus riches productions du territoire français.

RENAULT.

NOTICE

SUR

LA NATURE ET LA CULTURE

DU POMMIER,

La qualité des Pommes et leur vraie combinaison,
pour faire un cidre délicat et bienfaisant.

CLASSE PREMIÈRE.

Pommiers précoces.

LES pommiers à fruits précoces sont ceux
qui parviennent à leur degré de maturité avant
tous les autres fruits de leur espèce. Ces
pommes, qui se trouvent mûres du 15 août
au 15 septembre, sont si tendres qu'il faut les
récolter et les brasser de suite. Parmi ces fruits
tendres, il y en a d'une saveur douce, d'une
saveur acide, et d'autres d'une saveur amère;
dont le mélange, quoique bien fait, ne produit qu'un cidre doux, faible, peu coloré, et
qui ne peut être gardé long-temps.

ARTICLE PREMIER.

Pommiers précoces à fruits tendres, d'une saveur douce.

ESPÈCE PREMIÈRE. — *Passe-pomme.*

Le pommier de passe-pomme; le Fenouillet, de la Seine-Inférieure; la renouvelette, ambrette, carnette, de l'Eure et de la Somme; le précoce, de l'Eure et Loir, tire son nom de ce que son fruit mûrit et se passe presque aussitôt : il varie pour la forme, la couleur et la qualité de la pulpe, ce qui lui a sans doute fait donner différens noms.

Le pommier de passe-pomme est d'une taille médiocre et très-délicat. Les pétales de ses fleurs sont grands, blancs, faiblement lavés de rose; ils se développent dès la fin de mars, ce qui les expose à être brûlés par les vents roux du commencement d'avril (1). Ses feuilles sont longues et étroites; son fruit est moyen,

____

(1) On entend par vent *roux* un vent d'aval, soit qu'il vienne de la mer du sud, de l'ouest ou du nord-ouest. Ce vent brûlant et malsain brûle et roule tellement les pétales des fleurs, que les étamines avortent, et que les fruits qui lui résistent deviennent l'asile d'insectes et de vers malfaisans.

rond sur son diamètre, un peu renflé vers sa partie inférieure : il est d'un beau jaune relevé d'un gris fauve très-léger; sa pulpe est ferme, sans marc et presque sans odeur ni saveur; elle offre cependant une douceur agréable. La passe-pomme mûrit dès le 15 d'août.

Le pommier de passe-pomme se plaît dans les fonds siliceux, bien exposés au soleil. Partout ailleurs, il acquiert un peu plus de force et de vigueur; mais il donne bien moins de fruits.

On compte la passe-pomme pour bien peu de chose dans la combinaison des cidres.

ESPÈCE SECONDE. — *Le jaunet.*

Le jaunet et janette, dans plusieurs départemens, tire son nom de la belle couleur jaune de ses pommes. Son tronc est moyen; ses branches sont très-menues, allongées et réfléchies vers la terre; elles sont chargées, dès le mois de mars, d'un grand nombre de fleurs moyennes à pétales blancs lavés de rose; les feuilles qui les accompagnent sont d'un vert clair, long-temps roulées sur leurs bords. Les pommes de jaunet sont jaunes, très-tendres, sèches, douces et mûres dès le commencement de septembre. Un peu allongées, elles sont plus fournies d'un côté que de l'autre ; leur ombilic est large, et leur pédoncule est égal aux bords de cet ombilic qui sont un peu relevés.

Les pommes de jaunet tiennent si peu à l'arbre, qu'elles tombent d'elles-mêmes lorsqu'elles sont parvenues à leur degré de maturité ; ce qui évite la peine de les gauler, et ménage tellement l'arbre, qu'il rapporte tous les ans.

Le pommier jaunet aime un fond tufeux, un peu défoncé, et l'exposition du levant et du midi.

Quand la pomme de jaunet entre pour un quart dans la combinaison, elle donne un peu plus de qualité au cidre.

ESPÈCE TROISIÈME. — *Le doux à l'agneau.*

Ce pommier, ainsi nommé, ou parce que la couleur de ses pommes est celle de la toison des moutons, ou parce que les brebis recherchent particulièrement son fruit pour le manger avec plaisir, est connu sous le nom de doux agnel dans plusieurs départemens ; c'est le même que le *verrai* ou *veret* du département de l'Orne, que le musel de quelques cantons de la Seine-Inférieure, le verel de l'Eure, de l'Eure et Loir, ainsi que du Calvados, et le doux à mouton de la Somme.

Le pommier de doux à l'agneau croît assez promptement dans les bonnes terres. Ses branches latérales s'étendent si loin qu'elles finissent par s'incliner si fort vers la terre, qu'il faut planter ces arbres à 7 mètres les uns des autres, et avoir soin d'en rapprocher proprement les branches tous les trois ans (1).

Les bourgeons du doux à l'agneau sont menus et allongés; ses feuilles sont longues, pointues et d'un vert gai; ses fleurs, qui paraissent dans les premiers jours de mars, ont les pétales d'un rose tendre; le fruit qui leur succède est moyen, de couleur jaune mêlée de gris : il est d'une pulpe tendre et d'une saveur douce et agréable.

Cet arbre, dont la tige est courte, revêtue d'une écorce très-épaisse, est en plein rap-

---

(1) On entend par rapprocher les branches, raccourcir celles qui s'étendent trop, et qui, abandonnées à elles-mêmes ou laissées trop longues et trop étendues, causent du préjudice à l'arbre en rendant vide un endroit qui devrait être garni, et en rendant touffus et trop épais les bords de l'arbre qui touchent à terre. Cette opération lui fait produire de nouvelles branches qui rendent son centre plus fourni.

port à 15 ans. Il ne dure pas plus de 80 à 100 ans, même dans les terrains légers qui lui conviennent.

La pomme du doux à l'agneau ne produit pas un grand effet dans la combinaison cidreuse; elle doit entrer pour un quart avec le vinet, le gros-blanc et le gros-amer doux, pour faire, avec beaucoup de soin, un cidre passable.

ESPÈCE QUATRIÈME. — *Pommier de frangée.*

La frangée, la rayée de plusieurs cantons du département de l'Orne, de la Seine-Inférieure; la louise, de la Somme; la bâtonnée, de l'Eure, du Calvados, de la Manche et de l'Eure et Loir.

Cet arbre croît promptement et devient en peu de temps très-haut. Ses branches, suivant toujours une direction ascendante, se garnissent dans leur intérieur d'une grande quantité de petits rameaux dont les bourgeons sont très-lents à se développer. La fleur, qui ne paroît qu'en mai, est à l'abri des plus fortes gelées printanières, toujours nuisibles à la floraison du pommier; elle est large et ses pétales sont d'un beau blanc, tandis que ses feuilles sont étroites et d'un vert foncé; la pomme qui les surpasse est grosse, allongée, d'une teinte verte rayée d'un rouge vineux assez vif du côté du soleil, ce qui lui a fait donner le nom de frangée. Ce fruit a l'œil bien ouvert, l'ombilic oval et le pédoncule gros, court et comme charnu vers son attache à la branche.

La pomme frangée a la chair tendre, d'une saveur douce et agréable. Ce pommier rapporte dès l'âge de 7 ans; il donne beaucoup de fruit, mais il ne dure pas plus de 80 à 90 ans. Passé ce temps, il ne produit plus et il dépérit dans toutes ses parties.

La pomme frangée entre pour un quart dans les nouveaux cidres; on prétend qu'elle leur donne assez de couleur, mais peu de force.

ESPÈCE CINQUIÈME. — *Pommier d'avoine.*

On connoît dans les départemens de l'Orne, de la Seine-Inférieure et du Calvados, sous le nom d'avoine, et dans ceux de l'Eure et de la Somme, sous celui d'alouette, un pommier qui est cultivé avec assez de soin aux environs de Neufchâtel en Bray. Cet arbre pousse vigoureusement, mais à petit bois; il élève très-haut des branches si longues et si faibles, qu'ayant peu de soutien elles se courbent bientôt vers la terre, ce qui le rend incommode dans les champs de labour. Cependant on le cultive volontiers dans les masures, parce qu'il est d'un bon rapport pour la quantité et la qualité des pommes; ses bourgeons sont pointus, ils ne se développent qu'en avril, ils sont soutenus par des supports allongés et étroits qui ressemblent assez à des grains d'avoine, d'où l'on a sans doute donné à ce pommier le nom d'avoine, ou, parce qu'en mangeant de ce fruit, il laisse dans la bouche un goût d'avoine; les fleurs du pommier d'avoine sont blanches en-dessous, roses en-dessus, et ses feuilles sont longues et d'un beau vert luisant.

La pomme d'avoine a la pulpe douce, légère, spongieuse et peu succulente; elle est grosse, allongée, blanche, lavée de rouge du côté du soleil; son œil est petit, son ombilic rond et son pédoncule assez long; elle entre pour un cinquième dans les cidres de première saison; elle leur donne un peu de qualité et elle les rend agréables.

Cet arbre demande à être placé à l'ombre dans un terrain frais, derrière des bâtimens, ayant le soin, tous les ans avant l'hiver, d'en gratter l'écorce et d'en découvrir les racines, qu'il faut recharger de terre au printemps.

ESPÈCE SIXIÈME. — *Le gros-jaune.*

Le pommier de gros-jaune, de l'Orne; la grosse jaune dans différens cantons du Calvados; la belle femme, de la Seine-Inférieure; la mignonne, de l'Eure et Loir; la belle fille dans plusieurs autres départemens, sont autant de noms différens qu'on donne à ce pommier, remarquable par la belle direction de ses branches ascendantes, ce qui le devroit faire rechercher des cultivateurs, soit pour être planté sur le bord des grandes routes, des chemins vicinaux, soit pour former de belles avenues ou pour planter les terres de labours. Dès la fin de mars, il présente un nombre infini de vases chargés de fleurs dont les pétales sont d'un rose pâle sur leurs bords et beaucoup plus foncé vers leur milieu; tandis qu'au mois de septembre ce sont autant de corbeilles chargées de gros fruits qu'on prendroit pour des oranges, ce qui a fait donner à cet arbre le nom de gros-jaune. Ces pommes ressortent d'autant plus qu'elles sont accompagnées de feuilles d'un vert foncé, luisantes en-dessus et légèrement cotonneuses en-dessous. Les pommes de gros-jaune sont aplaties, leur œil est un peu relevé, leur ombilic rond et leur pédoncule court; elles ont la chair ferme, cassante, et d'une saveur douce un peu fade.

Le pommier de gros-jaune pousse rapidement dans tous les terrains secs; il produit de bonne heure, mais il est ordinairement chargé de plantes parasites qui l'épuisent (1). Ce pommier existe plus d'un siècle sans se dégarnir de son bois; mais son écorce, qui devient dure, grise, sur-tout dans les fonds tufeux, annonce sa grande vieillesse. ·

Les pommes de gros-jaune entrent en combinaison avec les acides et les amers de la première saison, et ils forment une boisson assez agréable, mais sujette à se ternir au contact de l'air.

ARTICLE II.

Pommiers précoces, fruits tendres, d'une saveur acide.

ESPÈCE PREMIÈRE. — *Pommier le gros-blanc.*

Le gros-blanc de l'Orne, le blanc mollet de la Seine-Inférieure, la blanche de la Somme

---

(1) De toutes les plantes parasites nuisibles à la végétation, les *lichens,* qui s'étendent en forme de croûte jaune et d'un blanc sale sur l'écorce du pommier, sont

et de l'Eure, la pomme de neige dans quelques contrées, est un pommier dont le tronc est ordinairement bas et courbé du côté du soleil levant; ses branches presque horizontales sont chargées de bourgeons menus, allongés et d'un brun assez clair. Ils se développent dans les derniers jours de mars; les fleurs qui en sortent sont moyennes, d'un rose éclatant; elles se trouvent au milieu de supports saillans, un peu cannelés, et ses feuilles allongées sont d'un vert foncé.

La pomme de gros-blanc ou la grosse-blanche est oblongue, très-légère et d'une pulpe très-fine, fondante et abondante en eau, d'une saveur acide assez agréable; sa peau est d'un beau blanc sur-tout lorsqu'elle est mûre, ce qui lui a mérité le nom de grosse-blanche. Cette pomme a l'œil allongé, l'ombilic triangulaire et le pédoncule court et renflé.

La grosse-blanche entre en combinaison pour un quart ou un cinquième avec les fruits doux de la première saison.

___

les plus dangereux pour ces arbres, dont ils pompent la séve par un grand nombre de petites racines très-pénétrantes qui percent l'écorce de toutes parts. Il faut avoir soin de les enlever par un temps pluvieux.

Le pommier de gros-blanc aime un terrain *caillouteux* ; mais il n'y a pas une longue existence : il en périt beaucoup dans les premières années de rapport.

ESPÈCE SECONDE. — *Le Coqueret.*

Le coqueret du département de l'Orne, la corée du Calvados, la coquerelle de l'Eure et le petit matois de quelques arrondissemens, peut être planté dans toutes les terres de labour, parce qu'il n'étend pas beaucoup ses racines et qu'il s'élève assez haut ; son tronc et ses branches, couverts d'une belle écorce, sont chargés de bois ; ses gros bourgeons sont d'un brun foncé et recouverts par une membrane très-épaisse qui a du mal à se développer ; ses fleurs, dont les pétales sont blancs et allongés, sont accompagnées en épanouissant de larges feuilles d'un beau vert.

Les pommes de coqueret sont rondes, bien faites, assez fournies et soutenues par un pédoncule court assez gros ; elles sont vertes, d'une pulpe cassante avec bruit sous les dents, ce qui lui a sans doute fait donner le nom de coqueret. Ce pommier ne fleurit que dans le courant de juin, ce qui le rend d'un bon rapport, puisqu'il se trouve garanti des ge-

lées printanières et du vent des vingtaines (1).
La pomme de coqueret entre en combinaison
pour un tiers ou un quart dans les premiers
cidres.

ESPÈCE TROISIÈME. — *L'ambrette.*

Le pommier d'ambrette, connu dans plusieurs cantons et dans quelques départemens
sous le nom de vinet, de cousinette, est de
moyenne taille ; son bois touffu est toujours
tors et plus sujet que d'autres à la mousse
et aux lichens, sur-tout dans les bas-fonds

---

(1) Les habitans de la partie de l'ouest de la France
donnent le nom de vingtaine à des vents froids, humides
et malfaisans, qui changent la température au moment
où la nature semble renaître, et enlèvent en quelques
momens toute l'espérance et les richesses d'une année.
Ces vents soufflent constamment du sud, du sud-ouest,
de l'ouest et de l'ouest-nord, pendant les dix derniers
jours d'avril et les dix premiers jours de mai. Les cultivateurs ont d'autant plus raison de les craindre, qu'ils
attaquent les jeunes jets des arbres fruitiers, et qu'ils
recoquillent les fleurs et les feuilles des pommiers et des
poiriers de manière que les unes et les autres deviennent
l'asile d'une foule d'insectes et de vers qui dépouillent
ces arbres. Ces vents sont toujours accompagnés de
neige, de pluie et de grêle, qui, loin de stimuler la
végétation, la suspendent et l'arrêtent presque toujours
lorsqu'elle entre en pleine activité.

humides. Il se charge ordinairement de gros bourgeons assez longs , verts à leur base et légèrement marqués de violet vers leur pointe. Le bouton qui en sort est court , plat et comme écrasé , tandis que ses supports sont larges et cannelés. Les fleurs de l'ambrette sont blanches , elles ne se développent qu'à la mi-mai ; les feuilles qui les accompagnent sont épaisses et d'un vert jaune. Son fruit est rouge , lavé de jaune et suspendu par un long pédoncule un peu grêle. La pulpe de l'ambrette est tendre , d'un goût acide un peu musqué , ce qui a donné à cet arbre le nom d'ambrette. Le pepin de cette pomme se détache facilement de sa cellule et fait du bruit comme dans la pomme à sonnette.

Ce pommier n'existe pas plus de 45 à 60 ans, même dans les meilleures terres ; son fruit , qui peut entrer pour un tiers et un quart dans les premières *brassaisons* , colore beaucoup le cidre par la grande facilité qu'il a de s'oxider ; mais il le rend sujet à s'épaissir quand il reste quelque temps à l'air.

ESPÈCE QUATRIÈME. — *Paradis.*

Le pommier généralement connu sous le nom de paradis , est peu volumineux ; ses branches fourrées tiennent toujours une direction horizontale; ses bourgeons assez gros sont couverts d'un duvet très-fin; ses fleurs blanches, avec une teinte rose, sont petites, très-sensibles au froid; et comme elles épanouissent dès les premiers jours de mars, elles réussissent peu. Les pommes de paradis sont petites, d'une pulpe mollasse, acide, très-juteuse et peu considérée pour la fabrication des cidres.

Ces pommes ne sont point de garde, et ce pommier n'existe pas long-temps; ses racines franches sont aussi cassantes que le verre. Cet arbre prend de boutures.

C'est sur paradis que se greffent et que s'écussonnent toutes les variétés de ces petits pommiers nains qui font l'agrément des jardins et les délices des desserts.

ESPÈCE CINQUIÈME. — *Pommier de Pommes cassantes.*

Le pommier de pommes cassantes, dans les départemens de la Seine-Inférieure et du Calvados, est le même que le colin, colin-tantoine, colin-tanpon de la Somme et de l'Eure, et le Saint-Georges de la Manche.

C'est aux environs de la ville d'Aumale

qu'on voit particulièrement ce pommier dans sa beauté ; il s'y élève très-haut sous une forme pyramidale, ses branches inférieures s'étendant horizontalement tandis que les supérieures s'élancent successivement vers son sommet ; son écorce caduque (1) se détache du tronc et tombe par lambeaux ; mais elle se renouvelle comme celle du platane. Le bourgeon du pommier de pommes cassantes, qui n'est pas gros, s'ouvre vers l mois d'avril ; les fleurs qui en sortent sont soutenues par de larges supports, et ses feuilles allongées sont d'un beau vert. Les pommes de cet arbre sont faiblement acides, d'une saveur agréable ; elles ont la pulpe ferme et cassante, caractère particulier qui a déterminé le nom de ce pommier.

Les pommes cassantes sont ordinairement petites, verdâtres ; leur ombilic est large et bien ouvert pour leur pédoncule qui est très-long et grêle. Ce fruit n'est pas de garde ;

______

(1) En botanique, *caduc* est ce qui tombe promptement. Les feuilles caduques sont celles qui tombent avant la fin de l'été ; le calice caduc est celui qui tombe au moment où les pétales se développent ; la corolle caduque est celle qui tombe au moment où elle s'épanouit, et l'écorce caduque est celle qui tombe tous les hivers.

il est bon de le mettre au pressoir sitôt qu'il est cueilli ; seul il ne produit qu'un cidre de médiocre qualité, et il est presque de nul effet dans les autres combinaisons cidreuses. Ce pommier, cultivé avec soin, est susceptible d'amélioration ; il produit abondamment dès 9 à 10 ans de plantation. Il se plaît dans les cailloux, à toute exposition.

ESPÈCE SIXIÈME. — *Le gros-aigrelet.*

Le gros-aigrelet, le gros-sur, la pomme sure, le gros-Charles, le picard, la grosse de Saint-Malo et le matois, sont les noms, dans différens départemens, d'un bel arbre de forme agréable et chargé de fort bois. Ce pommier de bonne espèce étend très-loin ses branches toujours couvertes d'un grand nombre de boutons allongés et pointus. La fleur du gros-aigrelet ne se développe que dans les derniers jours de mai ; elle est d'un rouge éclatant ; ses feuilles sont longues, d'un vert foncé ; ses fruits sont gros, ronds, verts, suspendus par un long pédoncule et formés d'une pulpe tendre, délicate et cassante, d'une blancheur verdâtre, très-acide et de médiocre qualité pour le cidre.

Cet arbre est vigoureux et résiste long-temps même dans les mauvais fonds; son bois est très-recherché pour la monture des outils de menuiserie.

ESPÈCE SEPTIÈME. — *Coqueret vert.*

Ce pommier, également connu dans quel-.ques départemens sous le nom de gros-coy, a le tronc court, noueux et sujet aux chancres. Ses fleurs sont longues, à pétales blancs; ses étamines ont des anthères larges et noires; ses feuilles sont allongées et d'un beau vert luisant. Il fleurit au commencement d'avril. Ses pommes vertes, dures, cassantes et d'une acidité agréable, sont de bonne garde; elles se mangent crues lorsqu'elles sont parvenues à leur maturité: elles ne donnent point de qualité au cidre.

Les pommes de coqueret vert ont l'œil pentagone un peu enfoncé, l'ombilic allongé et le pédoncule assez long. Le coqueret vert du pays de Caux, du Roumois et de la vallée de Corbou, veut une bonne terre. Il existe plus de 100 ans; mais dans les mauvais fonds et dans les terres médiocres il n'existe pas si long-temps. On lui donne le nom de coqueret vert, de ce que ses fruits sont verts et cassans.

ARTICLE III.

*Pommiers précoces, fruits tendres,
d'une saveur amère.*

ESPÈCE PREMIÈRE. — *Le blanc.*

Le blanc de l'Orne et du Calvados, la morelle de l'Eure et de la Somme, la grande
vallée de la Manche, est principalement cultivé dans les pays de Caux, de Bray, et dans
le Roumois. On lui donne aussi le nom de
sauge dans quelques arrondissemens, parce
qu'on prétend que son fruit, parvenu à sa
maturité, a un peu l'odeur de cette plante.
Cet arbre, très-riche en bois, donne d'abord
des gourmands qui deviennent par suite des
branches faibles, égales et flexibles pour former parasol, ce qui le rend agréable lorsqu'il est isolé des autres arbres. Ses bourgeons sont menus, courts et soutenus par de
larges supports un peu saillans; ses feuilles
grandes, pointues vers leur extrémité, sont
d'un beau vert; ses fleurs, à pétales blancs,
paroissent en mars et en avril, suivant l'exposition; elles résistent ordinairement quinze
jours aux intempéries de cette saison. Les

pommes de blanc sont rondes, assez grosses, mollasses et d'une saveur douce mêlée d'amer; elles sont blanches, nuées de jaune, du côté du soleil; elles craquent lorsqu'on les presse entre les doigts, mais elles se meurtrissent facilement (1). Cet arbre robuste est toujours vigoureux dans les terres fortes, où il existe plus de 120 ans. Les uns lui donnent le nom de blanc, ou à cause de la couleur blanche du fruit, ou parce que ce pommier a l'écorce du tronc beaucoup plus blanche que tous les autres; d'autres lui donnent le nom de grande vallée, parce c'est peut-être le seul qui réussisse dans le fond des vallées.

La pomme de blanc produit un bon cidre qui commence à avoir du corps et un goût agréable, sur-tout lorsqu'il est en proportion d'un tiers avec l'ambrette et le coqueret. C'est le meilleur de tous les cidres de la première *brassaison*.

---

(1) On dit qu'une pomme est meurtrie lorsque, ayant reçu quelque forte contusion, ou qu'ayant été durement froissée, la séve arrêtée s'extravase et se corrompt en jaunissant et noircissant la partie du fruit qui a été meurtrie. Les pommes dans cet état fournissent bien un cidre coloré, mais moins fort et sujet à avoir un mauvais goût.

ESPÈCE SECONDE. — *Le gros-amer doux.*

Le pommier de gros-amer doux de l'Orne, de l Eure et de la Seine-Inférieure, où il prend quelquefois le nom de gro -retel et de belle-mauvaise , est un arbre vigoureux tant qu'il est jeune , mais qui se gâte promptement dans tous les terrains en vieillissant. Il commence par jeter de gros gourmands droits qui altèrent bientôt tout l'arbre. Son écorce dure, ciselée, est toujours chargée de mousses et de lichens qui y adhèrent tellement qu'il est difficile de les en détacher. Les fleurs du gros-amer doux , qui sont les premières du mois de mars, sont blanches ; ses feuilles petites, d'un vert gai, et faiblement arrondies du côté de leur attache. Les pommes de cette espèce sont très-grosses, leur pulpe est mollasse, spongieuse et d'une saveur plus amère que douce , ce qui l'a fait mettre au rang des amers. Ses fruits ont la couleur et la forme de la rainette grise ; ils sout très-sujets à se meurtrir et à noircir, même avant leur maturité. Ces pommes entrent dans toutes les combinaisons cidreuses de la première et de la seconde *brassaison*, mais toujours en moyenne

quantité, parce qu'ils rendent le cidre difficile
à s'épurer.

ESPÈCE TROISIÈME. — *Friquet.*

Le friquet, frequin, fraisquin ou fréquet
des départemens de l'Orne, de l'Eure, de la
Seine-Inférieure, de la Manche, du Calvados
et de la Somme, est particulièrement cultivé
dans les cantons de Pont-Audemer, du Bourg-
theroude, du Bourgachard, de Briones et de
Mortagne. Cet arbre est petit, touffu et noueux;
sa tige est torse; ses branches sont grosses,
fortes, garnies de petits bourgeons et de feuilles
d'un beau vert, très-étroites et faiblement dentelées. Les fleurs du friquet, dont les pétales
sont roses, se développent vers la fin de mars;
il leur succède des pommes allongées d'un
jaune pâle, et rouges du côté du soleil; leur
pulpe tendre, juteuse et d'une saveur amère,
donne une bonne qualité de cidre avec le
blanc, l'ambrette et la frangée. On ignore
d'où ce pommier, qui est très-commun, peut
tirer son nom; on croit que c'est de ce qu'il
a la taille grêle et peu fournie; il aime une
terre meuble, un bon fond, et cependant il
n'existe pas plus de 50 à 60 ans.

CLASSE SECONDE.

Pommiers de pleine saison.

Ces pommiers sont ceux dont les fruits demi-durs ne pouvant pas être récoltés ni brassés avant le mois de novembre, acquièrent de la qualité sur l'arbre, et concourent par leur mélange à donner de bons cidres, qui, bien faits, peuvent se garder deux années sans rien perdre de leur qualité.

ARTICLE PREMIER.

Pommiers de pleine saison, dont les fruits demi-durs sont d'une saveur douce.

ESPÈCE PREMIÈRE. — *L'écarlate.*

Le pommier écarlate de l'Orne, le gros-écarlate de la Somme, le gros-rouge, le rouget de l'Eure aux environs de Bourga-chard, de Routol et de Pont-Audemer, le rouge d'Eure et Loir, le rouget de Calvados et de la vallée d'Auge (1). Cet arbre, ainsi nommé de ce que ses fleurs et son fruit sont d'un rouge éclatant qui pénètre jusque dans la pulpe, est vigoureux ; il devient très-haut et fort en peu de temps, sur-tout dans les terres légères, sablonneuses et marneuses. Il se garnit tous les ans d'un nombre considérable de gourmands, qu'il faut avoir soin de couper très-près des grosses branches d'où ils prennent naissance ; autrement ils absorberaient toute la séve de l'arbre, dont une partie périrait tandis que l'autre deviendrait touffue, vigoureuse, mais sans rapport. Le pommier écarlate fleurit vers le 15 de mai ; ses fleurs sont d'autant plus éclatantes qu'elles sont accompagnées de jeunes feuilles d'un vert foncé. Les pommes écarlates ont la pulpe mollasse, cotonneuse, nuée de rouge, sujette à se ternir sitôt qu'elle est frappée de l'air ou qu'elle se trouve meurtrie, ce qui doit déterminer à cueillir ces fruits avec précaution. Ces pommes ont une forme oblongue; leur ombilic est grand et leur pédoncule très-court ; il faut que cette

---

(1) Petit pays de France pour produire les cidres les plus renommés; ce petit pays comprend l'arrondissement des villes d'Honfleur et de Pont-l'Evêque.

pomme, dont le suc est très-doux et épais, entre en combinaison avec l'amer doux et les acides ; encore ne produit - elle qu'un cidre passable, sujet à se ternir dans le verre lorsqu'il y reste un instant, et sur-tout lorsqu'il n'y a pas eu au moins deux tiers de fruits acides dans la combinaison.

ESPÈCE SECONDE. — *Pomme de livre.*

Ce pommier, qui tire son nom de la grosseur et de la pesanteur de son fruit, est la belle fille du pays de Caux, la damoiselle de l'Orne, le dameret des environs d'Aumale.

Ce pommier pousse à gros bois dans les fortes branches du milieu de l'arbre, tandis que les branches latérales qui s'étendent horizontalement se replient sur elles-mêmes, ce qui le rend très-buissonneux et si touffu qu'il est difficile d'en bien récolter les fruits, qui s'y trouvent fortement attachés quoique parvenus à leur maturité. Les fleurs de ce pommier paroissent au 1er. mai; leurs pétales, qui sont d'un beau blanc, restent long-temps épanouis. Le fruit qui leur succède est gros, allongé, pesant, et d'une saveur douce et agréable.

Le pommier de pomme de livre demande

un terrain bas, frais, sans humidité et exposé au soleil de dix heures ; autrement on le cultiveroit presque inutilement ; ses fruits entrent pour peu de chose dans les combinaisons de cidres de bonne qualité.

ESPÈCE TROISIÈME. — *Le gros-doux.*

Le gros-doux, ainsi nommé dans le département de l'Orne à cause de la grande douceur de son fruit, est le même que le binet de la Seine-Inférieure et de l'Eure, qui est le binen du Calvados.

Cet arbre touffu est très-garni de petites branches si tendres et si faciles à rompre, qu'il ne faut pas en cueillir les fruits à coups de gaule afin de ne pas abattre bois et bourgeons ; usage barbare parce qu'il mutile les arbres, meurtrit les fruits et prive le cultivateur de fruits pour les années suivantes. Le gros-doux pousse très-lentement ; il ne fleurit qu'à la fin du mois de mai. Sa fleur, petite ou aplatie, passe promptement ; elle est souvent précédée de feuilles d'un vert luisant en-dessus, pâles et légèrement cotonneuses en-dessous.

Les pommes de gros-doux sont grosses, dures, d'une saveur très-douce et couvertes d'une peau très-épaisse d'un beau jaune clair ;

leur ombilic rond et enfoncé est garni de barbillons. Ce pommier a le tronc fort, l'écorce dure et ciselée, ce qui sert de repaire à un nombre infini d'insectes qu'il est bon de détruire en grattant le tronc de l'arbre tous les hivers selon l'usage du Roumois, pays où le pommier est le mieux cultivé (1). Le grosdoux existe plus d'un siècle lorsqu'il est dans un fond de terre forte, un peu *caillouteuse;* il est particulièrement cultivé dans les cantons de Briones, de Bourgachard, de Pont-l'Évêque, dans les départemens de l'Orne, de la Manche et du Calvados. Il entre pour un quart dans toutes les combinaisons de cidres de bonne qualité.

ESPÈCE QUATRIÈME. — *L'étendu.*

Le gui-chaudmont du département de l'Orne, ainsi nommé, sans doute, de ce qu'il croît spontanément aux environs et sur la butte de

---

(1) Outre les chenilles nombreuses qui dépouillent les pommiers de leurs fleurs et de leurs feuilles, avant même qu'elles aient obtenu leur entier développement, on doit encore craindre les lisettes, les plus cruels ennemis de ces arbres, puisque ces insectes malfaisans broutent les boutons, coupent les jeunes pousses, et font périr les greffes quand elles ont 3 ou 4 pouces.

Chaud-Mont, une des plus hautes montagnes de l'ancienne Normandie, et qu'il est par-tout surchargé de gui (1). Ce même pommier est le Saint-Philbert du pays de Caux, la bonne sorte de l'Eure, le guillaumont de la Somme, et l'étendu de plusieurs autres contrées.

La forme de ce pommier, dont les branches tombent vers la terre, n'est ni agréable, ni commode au bord des chemins et dans les terres de labour. Son tronc, ordinairement tors et courbe, est toujours penché vers le nord; son bois est dur, lourd et noyeux; ses fleurs larges tirent sur le rose; elles ne s'épanouissent que successivement dans les premiers jours de juin. Les pommes qui leur succèdent sont petites, d'un vert jaunâtre, et d'une saveur si douce qu'elles en sont fades; leur ombilic est pentagone, un peu enfoncé, et leur pédoncule est très-long. Ces pommes fournissent un cidre peu coloré et de médiocre qualité.

---

(1) Le gui est cette plante parasite qui fait le plus grand tort au pommier dont elle absorbe la plus grande partie des sucs nourriciers, ce qui doit engager le cultivateur à détruire cette mauvaise plante, malgré la haute idée que les païens en ont laissée chez les anciens Gaulois. Les fruits de gui qui se trouveraient mêlés avec les pommes, rendraient le cidre dangereux.

Le gui-chaudmont se plaît dans les lieux pierreux, et fournit un grand nombre de sujets très-propres à la greffe des pommiers des jardins et des vergers.

ESPÈCE CINQUIÈME. — *La rainette sauvage.*

On croit que ce pommier est la source de toutes les espèces et de toutes les variétés de pommes de rainette aujourd'hui si recherchées pour leur saveur agréable, et par la qualité du fruit qui fait en partie la richesse de nos jardins.

Ce pommier, connu sous les différens noms d'ozane, de belle ozane, de gannevin et d'alouette, croît lentement; son bois est dur, droit, rouge, fibreux et assez gros (1); ses branches divaguent un peu, ce qui est cause qu'il n'est pas également garni dans sa circonférence, et que sa forme n'est ni commode

---

(1) Le bois de pommier est pesant et compacte, fort doux et très-liant, mais moins dur et moins coloré que celui du poirier. Les ébénistes, tourneurs, luthiers, les graveurs en bois, et les charpentiers pour les menues pièces des moulins, recherchent beaucoup le bois de ce pommier. Il sert également aux menuisiers pour monter leurs outils; mais ils donnent la préférence au bois de pommier sauvage.

ni agréable. Il fleurit en mai; son fruit est faiblement allongé, d'une couleur grise un peu cendrée, comme la rainette grise des jardins. La pulpe du fruit est d'un blanc verdâtre, très-ferme, d'une saveur douce, sucrée, mêlée d'une légère amertume, ce qui lui donne un goût très-agréable. Les habitans des campagnes font cuire ce fruit avec du cidre doux réduit en sirop, ce qui leur fournit une grande partie de l'année une compote très-saine, de bonne garde, quand elle est bien faite, et d'un grand secours pour la nourriture des journaliers (1).

Le pommier de rainette sauvage se plaît dans les terres fortes, où il est très-propre à la greffe. Les pommes de cet arbre, seules, ne feraient pas une bonne boisson; mais, mises pour un quart dans différens mélanges, elles donnent de la force et de la qualité aux cidres de la seconde *brassaison*.

---

(1) Si les pays vignobles ont leur raisiné, les pays cidreux ont leurs compotes. La manière de les bien faire consiste dans la façon du sirop, et à donner aux pommes le degré de coction qui leur convient. Il faut prendre une quantité de cidre doux relative à ce qu'on désire faire de sirop; on y joint une poignée de feuilles de menue sauge pour lui donner une saveur agréable, le tout réduit à petit feu et sans l'écumer jusqu'à ce qu'il ait commencé

ESPÈCE SIXIÈME. — *Le doux-vert.*

Ce pommier, connu sous le nom de doux-vert dans les départemens de la Seine - Inférieure, de la Somme et de l'Oise; et sous ceux de berard dans l'Orne, de bénévanelle dans l'Eure, et de matois dans les départemens de la Manche et du Calvados, paroît nommé le doux-vert de la saveur et de la couleur de son fruit.

On distingue deux variétés de doux-vert d'après la forme de leur fruit. Un de ces arbres donne des pommes allongées, et l'autre des pommes beaucoup plus aplaties. Les premières ont le pédoncule long et comme charnu, tandis que les dernières n'en ont presque point. Ces

---

à atteindre la consistance de sirop qu'on clarifie selon l'usage avec le blanc d'œuf. On a des pommes coupées en quatre et dont on a enlevé la peau et les pepins ; on les jette dans l'eau fraîche, et ensuite on les met avec cette eau dans un chaudron qu'il faut remplir de sirop pour laisser le tout cuire jusqu'à ce qu'elles soient assez molles et assez fermes pour conserver leurs formes sans se laisser aller. Lorsqu'elles sont dans cet état, il faut les dresser dans des vases bien propres, qu'on dépose dans un lieu sec pour y avoir recours au besoin ; le sirop doit toujours couvrir le fruit.

deux variétés de fruits sont vertes, tirant faiblement sur le jaune du côté du soleil.

Ces arbres prennent ordinairement une belle
forme arrondie; mais leurs racines traçantes
s'éloignent très-loin du tronc qui est d'un bois
fort et droit. Ces pommiers aiment également les
terres de labour et celles qui sont souvent
remuées; mais ayant l'écorce tendre, ils y
sont souvent endommagés, soit par l'essieu de
la charrue, soit par la dent meurtrière des
bestiaux dont on ne peut les garantir qu'en
les environnant d'une légère torche de paille,
sur-tout dans les premières années de leur
plantation (1).

Les fruits du doux-vert sont d'une saveur
douce, légèrement amère.

Ces pommes, combinées avec l'amer-rouge
et l'écarlate, fournissent un cidre passablement

---

(1) La maladresse des laboureurs, qui sont souvent ou
des domestiques ou des hommes de journée, n'ayant ni
précaution, ni le même intérêt que les fermiers à conserver
le bien et les arbres, doit déterminer les propriétaires à
insérer dans leurs baux une clause pour que les fermiers
soient tenus de faire entortiller les jeunes plants de paille,
et qu'ils les indemnisent, à la fin des baux, de tous ceux
qui se trouveront endommagés, soit par la charrue, soit
par le bétail.

bon sans être de première qualité. Avec toute autre espèce de pommes, elles ne donnent qu'un cidre pâle et foible.

ESPÈCE SEPTIÈME. — *Le gallot.*

Le gallot de la Seine-Inférieure, de l'Eure, de la Manche, connu sous le nom de gâteau dans l'Orne et de dur dans le Calvados et plusieurs autres départemens, pourroit être regardé comme un pommier de la dernière *brassaison* par toutes ses qualités, si son fruit pouvoit se conserver autant que les fruits durs.

On croit qu'on lui a donné le nom de gallot à cause de la dureté de son fruit et de sa forme oblongue qui ressemble assez au galet que la mer jette sur les côtes de la Manche. Ce pommier n'est pas d'une belle forme ; chargé de gros bois dur, il procure beaucoup d'ombrage aux terres qu'il couvre de ses branches, et qu'il dévore de ses longues racines qui tracent de tous côtés à la surface de la terre, où elles sont si tenaces qu'elles brisent souvent les charrues les plus solides ; ses fleurs, de moyenne grandeur, sont d'un blanc tirant sur le rose ; elles ne s'épanouissent qu'en juin, ce qui est la cause de sa fertilité, parce qu'elles se trouvent garanties de l'intempérie du printemps.

Les pommes de gallot sont oblongues, dures, jaunes et d'une saveur sucrée, mais d'une pulpe très-serrée et peu juteuse. Les greffes prises sur cet arbre réussissent parfaitement sur paradis, et forment un bon pommage qui, mêlé avec l'amer-doux, le gros œil et le doux évêque, fournit un bon cidre dans les environs de Pont-Audemer et de Pont-l'Évêque.

ESPÈCE HUITIÈME. — *Doux évêque.*

Le doux évêque de l'Eure, du Calvados, doux-auvêque de l'Orne, pomme d'évêque dans différentes contrées, est particulièrement cultivé avec avantage aux environs du Bourgachard, du Bourgthéronde, de Briones, de Pont-Audemer et de Pont-l'Évêque.

Ce pommier s'élève très-haut; ses branches longues, fortes, sont si ascendantes qu'il couvre peu de terrain, ce qui donne la facilité de le planter au bord des chemins et assez près des autres pommiers; ses feuilles sont en petit nombre, plus petites que dans les autres espèces, et d'un vert très-foncé; sa fleur est grande, garnie de pétales blancs qui ne se développent qu'en mai; le fruit qui leur succède est gros et long; sa peau est d'une belle cou-leur violette, sur-tout du côté le plus exposé à la lumière, ce qui lui a sans doute mérité le nom d'évêque. La saveur de ce fruit est d'un doux amer ; seul il donnerait un cidre sans couleur mais assez fort, tandis que mêlé avec la pomme de rouge bruyère, celle de gros-blanc et l'amer-rouge, il forme une des meilleures qualités de cidre. Les pommes de doux-évêque sont bonnes à manger crues et cuites.

Les pays vignobles ne doivent pas se glorifier d'être les seuls à fournir la substance *saccharine,* parce qu'ils ont su l'extraire du raisin ; tous les départemens où il se fait d'abondantes récoltes de pommes, ont le même avantage : les uns et les autres peuvent se rendre également utiles à la société.

Si le sirop de raisin est propre a flatter la sensualité de l'homme riche, en lui fournissant les moyens d'édulcorer son café, ses crèmes, ses glaces et tout ce qui peut aider et concourir à faire les délices de sa table, le sirop *saccaromalique* a l'avantage d'être économique pour les personnes peu aisées auxquelles il fournit les mêmes jouissances : on s'en sert dans les compotes de pommes, de poires, de prunes, de coings, etc. les gelées, les marmelades, où ce sirop peut remplacer le sucre, la cassonade et la mélasse; bienfaisant pour les malades, il peut devenir d'une grande utilité dans les hospices et dans les hôpitaux, où on le peut employer avec succès dans les fluxions de poitrine, soit pour calmer la toux invétérée, adoucir l'âcreté de la gorge, réparer les désordres trop fréquens que cause une mauvaise digestion à un estomac faible, délicat ou délabré, soit enfin pour exciter une transpiration bienfaisante, ou pour rétablir une sueur arrêtée trop subitement; il apaise la soif et il calme plus promptement que le meilleur sirop de vinaigre l'accès d'une fièvre violente.

La médecine a toujours compté le sirop de pomme au nombre des béchiques incrassans, et comme ayant la propriété de délivrer les bronches des matières visqueuses ou trop épaisses qui les obstruent.

Tout le monde connoît la beauté, la transparence, la finesse, la haute délicatesse et toutes les qualités de la gelée de pommes; on sait qu'elle est employée dans les desserts les plus distingués, et qu'on la conserve partout avec le plus grand soin pour humecter, rafraîchir, ou pour refaire la bouche après une longue maladie. Le sirop de pomme, formé des mêmes élémens , contenant les mêmes principes , doit nécessairement avoir les mêmes qualités et produire les mêmes effets. Fait par des mains habiles et souvent exercées dans l'art de bien opérer , il n'y a pas de doute que ce sirop peut encore acquérir une plus grande perfection.

Il serait d'autant plus utile de multiplier l'usage du sirop de pomme, qu'il économiseroit le vin , cette liqueur toujours précieuse et d'une plus grande valeur que le cidre ; qu'il éviterait les frais de transport du sirop de raisin , ce qui en augmente tellement le prix , qu'il est au-dessus des moyens du vulgaire. Le sirop de pomme peut se consommer sur le lieu de sa fabrication, comme il peut se transporter très-loin et se conserver longtemps sans rien perdre de sa qualité : on ne saurait en dire autant des autres sirops , que le moindre changement de température peut troubler en dégageant de nouveau le gaz carbonique qui les met en nouvelle fermentation. Quatre pots de moût de cidre au sortir de l'émoi suffisent pour faire , par une ébullition modérée et soutenue, un pot de bon sirop. On y jette une poignée de sauge avant l'ébullition , pour le parfumer.

On prétend que les variétés de rainettes greffées sur des sujets de doux-évêque, donnent des fruits de première qualité ; que ces arbres sont moins sujets aux chancres (1) que les autres, mais qu'ils sont tardifs à rapporter.

Nota. Toutes les pommes de pleine saison, d'une saveur douce, sont particulièrement propres à faire le bon sirop *saccaromalique.*

ARTICLE II.

Pommiers de pleine saison, dont les fruits demi-durs sont d'une saveur acide.

ESPÈCE PREMIÈRE. — *Le béquet.*

Le béquet, qui paroît tirer son nom de ce qu'il est le produit d'un pépin échappé au

____

(1) Les chancres sont une maladie accidentelle ou naturelle assez ordinaire aux pommiers, causée par un défaut de circulation de la séve qui se porte dans une partie de la tige avec trop d'abondance, ou qui, y séjournant trop long-temps, y cause la pourriture qui s'étend successivement et qui finit par dépouiller l'arbre de son écorce. Le moyen de remédier à ce mal, est de couper le tour de la plaie jusqu'au vif, et de la remplir de suite de bouse de vache, mais beaucoup mieux du mastic dont nous parlerons à l'article de la greffe.

bec de l'oiseau dans les bois les plus épais où on le trouve spontanément, prend le nom de doucin, de petit doucin, de béquet et de boquet dans différens cantons et arrondissemens.

C'est un petit pommier noueux qui pousse très-rapidement dans les lieux couverts. Sa tige assez franche, d'un brun roux, est droite et peu garnie de branches ; ses racines sont tendres et très-cassantes ; ses feuilles larges et d'un beau vert clair ; ses fleurs petites sont très-multipliées. Son fruit, qui tient fortement aux branches est également petit, allongé, jaune et d'une saveur âcre et acide. Le béquet n'est point délicat sur la nature du fond où on veut le placer ; mais il ne devient jamais fort, n'importe dans quel terrain il se trouve.

Les jeunes sujets de béquet sont très-recherchés pour les greffes de toutes les variétés de pommiers nains.

Les pommes de béquet, mêlées avec celles d'amer-rouge, de doux-évèque et n'importe quelle autre espèce, fournissent un cidre peu coloré, clair et d'excellente qualité, et qui ne se ternit jamais à l'air.

ESPÈCE SECONDE. — *Courte-queue.*

Ce pommier est ainsi nommé de ce que le pédoncule du fruit est court, épais et entièrement renfermé dans son ombilic. C'est sans doute ce qui lui a fait donner les noms de cul-noué dans l'Orne, de queue-nouée dans la Seine-Inférieure, d'ennouée dans la Somme, de court-pendu dans l'Eure et de capendu dans le Calvados, la Manche et plusieurs autres départemens.

La tige de ce pommier est très-sujette aux chancres ; il faut les greffer bas : car ses greffes ne profitent pas lorsqu'elles sont trop hautes, ce qu'il faut également observer dans plusieurs espèces. Il est toujours plus avantageux de greffer bas et de faire à son arbre une belle tige de greffe ; elle est toujours plus franche et elle produit du fruit plus beau et de meilleure qualité. Les branches du pommier de pommes à courte-queue poussent très-rapidement et sans régularité, ce qui lui donne une forme désagréable ; sa fleur, qui ne se développe qu'en mai, est très-sensible aux gelées blanches. Elle est assez grande et fortement pressée contre les branches ; ses pétales d'un blanc lavé de rose se trouvent retenus dans leur calice par deux supports écailleux assez larges à leur base, et entourés de feuilles allongées et pointues.

Les pommes de courte-queue sont oblongues un peu coniques, couvertes d'une peau verte, pictée de taches brunes et très-dure dans la plupart des sujets; leur chair blanchâtre est peu agréable à manger, quoiqu'elle soit d'une saveur aigrelette. Ces pommes donnent un cidre fort qui devient agréable lorsqu'il est formé d'une partie de gros-doux et d'amer.

Il y a une variété de pomme à courte-queue qui a un peu d'amertume, et dont les gros pépins se trouvant écrasés sous la meule du pressoir, donnent à cette combinaison de cidre un goût amandé assez agréable, lorsqu'il ne domine pas trop.

ESPÈCE TROISIÈME. — *Pommier de gros œil.*

Le gros-œil, gros-barbari de l'Orne, gros-œil de la Seine-Inférieure où il est particulièrement cultivé dans le pays de Caux, gros-œil de l'Eure et de la Somme, est ainsi nommé de ce que la pomme de cet arbre a l'œil très-gros, très-large et garni de longs barbillons écailleux.

Ce pommier est d'une végétation vive et

forte. Il est fourni de grosses branches garnies d'un grand nombre de rameaux ; ses bourgeons sont très-renflés vers le collet, et ses fleurs, dont les pétales sont blancs, sont très-grandes ; elles ne paraissent que dans les premiers jours de mai, toujours accompagnées de feuilles naissantes, faiblement ondulées. Les pommes de gros-œil sont très-grosses, côtelées, d'un jaune nué de rouge sale; leur pulpe a un goût âpre acide. Il faut que la pomme de gros-œil entre en combinaison avec le petit-amer et la rousse pour faire un bon cidre qui ait du corps.

Ce pommier se plaît volontiers dans les fonds de terres calcaires ou tufeuses; mais il n'y résiste pas long-temps.

ESPÈCE QUATRIÈME. — *Le pommier sauvage.*

Le pommier sauvage, le boquet, la pomme des bois croît dans les bois sans culture. Cet arbre de moyenne taille a les branches et les rameaux naturellement arrondis et touffus, ce qui lui donne une forme agréable et le fait toujours considérer au milieu des grands bois. Les arbres de cette espèce sont d'une écorce franche, lisse et d'un gris clair; leur pied toujours couvert de mousse, est très-sujet à se noircir et à s'échauffer. Rien n'égale l'éclat et le doux parfum de leurs fleurs, qui durent tout le mois de mai et d'autant plus long-temps qu'elles sont à l'abri des mauvais vents par les arbres qui les environnent ; la pomme sauvage est petite, d'une pulpe blanche, dure et d'une saveur vive et acide ; sa peau est blanche, très-légèrement fondue de jaune, et son ombilic est très-petit.

Ce pommier aime les lieux frais ; il fournit de très-bons sujets pour la greffe. La pomme de pommier sauvage est peu considérée pour les combinaisons cidreuses ; seule elle donne un cidre fort, sans qualité, qui est la seule boisson des habitans des lisières des forêts.

ESPÈCE CINQUIÈME. — *Le dur.*

Ce pommier est ainsi nommé ou parce que ses fleurs résistent aux intempéries du printemps, ou parce que son fruit est très-ferme, ou enfin parce qu'il est le dernier de tous les pommiers pour conserver ses feuilles vertes jusqu'aux prémières gelées de l'hiver.

Cet arbre est si précoce qu'il rapporte souvent dès la seconde année de greffe. Ses branches s'étendent beaucoup en bois flexible ; ses bourgeons sont gros et bien nourris ; ses fleurs naissent par petits paquets dans les derniers jours de mai ; leurs pétales sont très-larges et faiblement roses. Les pommes dures sont rondes, panachées de rouge, de jaune et de vert ; leur pulpe blanche est ferme et cassante ; elle est succulente et d'une acidité peu piquante.

Le pommier sauvage fournit de bons sujets pour la greffe, et sur-tout pour la pomme de doux-évêque, et plusieurs autres espèces cultivées dans les champs ; il est compté pour rien dans les différentes combinaisons des pommes à cidre.

ESPÈCE SIXIÈME. — *Le germain.*

Le pommier de germain, qui est presque cultivé par-tout sous ce nom, dont on ne connoît pas l'étymologie, croît rapidement dans les terres calcaires et sablonneuses. Ses premières branches sont si faibles qu'elles tombent presque jusqu'à terre lorsqu'elles sont chargées de fruit ; ce qui est commode pour le bétail qui le dévore et broute toutes les jeunes pousses. La grande étendue de cet arbre ne permet pas de le planter par-tout ; il faut avoir soin d'en élaguer les branches qui s'inclinent trop bas. On doit prendre d'autant plus de soin de cultiver cet arbre, qu'il est franc, vigoureux

jusque dans sa vieillesse, peu sujet aux chancres, aux mousses, ou au gui ; qu'il est d'un
grand rapport et qu'il existe plus de 15ɔ ans.
Son bourgeon est d'une belle écorce, d'un brun
clair tirant sur le violet ; sa fleur, qui est
disposée en bouquets et soutenue par des supports d'un vert pâle, élargis à leur base, se
développe en juin ; le fruit qu'elle produit est
gros, allongé, d'un assez beau vert nuancé
de rouge ; sa pulpe est ferme, dure et d'une
âpreté qui la rend désagréable.

Ce pommier ne se plaît que dans les terrains
limoneux, sur un fond d'argile ; sa greffe réussit
très-bien et prend de la qualité sur le pommier
sauvage.

La pomme de germain seule fait un assez
bon cidre, mais qui noircit sitôt qu'il est exposé au contact de l'air. Les Anglais cultivent
le germain sous le nom de jokes, et ils le pré-
fèrent à tous les autres pommiers, sur-tout
dans le pays de Sommerset-Kire, où ils en fa-
briquent le plus délicieux de tous les cidres,
et qui ne se noircit pas comme le nôtre, parce
qu'ils ont l'attention de le tirer au clair lorsqu'il commence à bouillir.

4 *

ESPÈCE SEPTIÈME. — *Le petit.*

Le petit pommier, la petite sorte du département de l'Eure, le petit barbari de l'Orne, l'œil enfoncé de la Seine-Inférieure, n'est pas très-cultivé : ce pommier a quelques rapports avec celui qui est connu sous le nom de *gros barbari;* sa forme n'est pas très - agréable à cause de ses branches qui tendent toujours vers la terre; les fleurs et les fruits en sont très-petits, ce qui lui a sans doute donné le nom de petit, de petite sorte. La pomme de petite sorte est allongée et cotelée d'un vert clair nué de rouge; sa pulpe est dure, ferme et d'une saveur âcre très-acide; elle donne de la force et du corps au cidre quand elle entre pour un cinquième dans une combinaison quelconque.

ARTICLE III.

Pommiers de pleine saison, dont les fruits demi-durs sont d'une saveur amère.

ESPÈCE PREMIÈRE. — *Le piquet.*

Il est probable que ce pommier tire son nom de ce qu'il est droit, grêle comme un piquet surmonté d'une très-petite tête; on lui donne dans plusieurs pays le nom de ganelle.

Le tronc du piquet est de moindre grosseur; il s'élève assez haut et il porte peu d'ombrage, ce qui donne au cultivateur la facilité de le planter dans les terres de labour. Ses bourgeons sont très-petits; sa fleur légère ne dure qu'un moment vers le commencement de juin; son fruit ressemble à la pomme d'api des jardins excepté qu'il est réuni en espèce de glanes, c'est-à-dire que plusieurs sont réunis ensemble, et qu'il est moins vivement coloré du côté du soleil; sa pulpe est dure et très-amère.

Ce pommier est d'un faible rapport, son fruit étant très-petit; mais il existe long-temps. Comme il se plaît dans tous les terrains et à toutes les expositions, sa combinaison avec les autres pommes, pour la qualité du cidre, est encore peu connue.

ESPÈCE SECONDE. — *Le gros amer-doux.*

Le gros amer-doux ou la belle mauvaise dans beaucoup de cantons, est très-cultivé, sur-tout aux environs de Gournay. Ce pommier croît assez vite dans les premières années de sa plantation; mais il s'arrête bientôt et il se gâte en vieillissant : il est sujet à jeter çà et là de gros gourmands, droits, qui altèrent le reste de l'arbre. C'est en général une assez mauvaise espèce, qui est presque abandonnée par le cultivateur curieux de ne cultiver que de bonnes espèces.

Le gros-amer fleurit en mai ; ses fleurs sont pâles et très-sensibles aux gelées du matin qui ont ordinairement lieu pendant ce mois dans la région de l'ouest de la France. Les feuilles du gros-amer doux sont petites, allongées et dentelées, ses fruits assez gros et de couleur grisâtre ; ils ont la pulpe mollasse, cotonneuse et très-sujette à devenir noire avant sa maturité ; la liqueur qui en est exprimée est épaisse et très-sujette à se ternir.

Ce pommier, qui existe long-temps, aime les endroits ombragés et le voisinage des bâtimens ; ses branches sont très-sujettes au gui et son bois roulé (1) est ordinairement rempli de chancres. La pomme du gros-amer doux peut entrer pour un quart dans toutes les combinaisons cidreuses.

ESPÈCE TROISIÈME. — *L'amer-rouge.*

L'amer-rouge de l'Orne prend le nom de rouge-bruyère dans la Somme, de Sully dans

---

(1) On dit que son bois est roulé parce que ses cornes ou crues de chaque année sont séparées et ne font pas, pour ainsi dire, corps entre elles ; ce bois n'est bon qu'à brûler.

la Seine-et-Oise, de rouge-amer dans le département de la Seine et plusieurs autres pays.

Le pommier amer-rouge occupe peu de terrain. Ses branches sont tellement élevées, qu'il est possible de le planter sans inconvénient dans les terres de labour. Sa fleur, qui paroît en mai, a beaucoup de peine à percer l'enveloppe de son bourgeon qui est ordinairement caché sous les lichens dont sont couvertes ses branches, sur-tout lorsqu'il se trouve placé dans des bas-fonds.

La pomme d'amer-rouge est grosse, faiblement allongée; sa peau est rouge, et sa pulpe, qui est également vineuse et remplie de veines rouges, a une saveur très-amère; son œil est bien placé, garni de longs barbillons, et son pédoncule est long et grêle.

Ce fruit seul fournit un cidre très-fort, sujet à se ternir, mais il fait partie d'un grand nombre de combinaisons dans lesquelles il entre pour donner de la force et de la qualité au cidre. Quelques cultivateurs du Roumois, où l'on fait assez bien le cidre, jettent quelques jattées de cendres bien criblées par augée de *brassaison* de pommes d'amer-rouge, afin d'en épurer la liqueur et de la rendre plus limpide et plus agréable.

CLASSE TROISIÈME.

Pommiers tardifs à fruits durs.

Ces pommiers sont ceux dont les fruits durs, à pulpe très-serrée, mûrissent si tard qu'ils ne peuvent être mis au pressoir qu'après les gelées. Ces dernières espèces fournissent le meilleur cidre et celui qui est le plus de garde, surtout lorsque les hivers ne sont pas assez rigoureux pour faire geler ces fruits ou pour empêcher leur *brassaison*.

On distingue les pommiers de cette classe comme ceux des deux autres, en fruits d'une saveur acide et d'une saveur amère.

ARTICLE PREMIER.

Pommiers tardifs, dont les fruits sont d'une saveur douce.

ESPÈCE PREMIÈRE. — *Le dure-peau.*

Ce pommier est ainsi nommé de ce que son fruit a la peau très-dure et très-épaisse; c'est sans doute ce qui lui a fait donner aussi le nom de peau-de-vache dans les départemens

de la Seine-Inférieure , de l'Eure et du Calvados. On le nomme encore ailleurs la douce-
morelle.

Cet arbre croît très-rapidement ; son bois,
qui est très-dur, n'est jamais droit. Ses branches
s'entrelacent les unes dans les autres, et, parvenues à une certaine distance du tronc, elles
se courbent vers la terre dans une étendue
très-considérable , ce qui le rend incommode
dans les champs ; au bord des grandes routes
et sur les chemins vicinaux , si le propriétaire
n'a pas le plus grand soin de le faire élaguer
souvent. Comme le pommier de dure-peau ne
fleurit qu'en juin , il n'a rien à redouter des
gelées blanches printanières ; mais aussi il est
le plus souvent dévoré par les chenilles (1)
qui dévastent presque tous les ans les plus
belles récoltes.

____

(1) Les chenilles sont les insectes les plus nuisibles
aux pommiers, puisqu'elles en dévorent les bourgeons,
les feuilles, les fleurs et les fruits. On doit s'appliquer
à les détruire de bonne heure, soit en faisant écheniller
les arbres l'hiver avant qu'ils poussent, en jetant de
suite au feu tous les nids des chenilles, soit, si elles
sont écloses, en visitant le matin ses arbres et en faisant
tomber avec un plumail les chenilles dans un vase à large
ouverture , rempli d'eau de savon un peu forte , ce qui
les fait périr à l'instant.

La pomme de dure-peau est très-ronde, de moyenne grosseur et très-dure ; sa peau verdâtre est légèrement colorée de rouge du côté du soleil ; sa pulpe blanche est d'une saveur douce, agréable et très-sucrée, ce qui donne une excellente qualité au cidre dont cette espèce fait partie de la combinaison. On en fait également du sirop.

ESPÈCE SECONDE. — *Le pommier de rousse.*

Ce pommier, la rousse de l'Orne, le roux du Calvados, la roussette de l'Eure, le petit écarlate de la Seine-Inférieure, l'alouette de Seine-et-Oise, croît lentement ; mais il existe long-temps. Ce pommier est fort en bois ; ses fleurs petites, et dont les pétales sont d'un rose pâle, ne s'épanouissent qu'imparfaitement vers la fin d'avril ; des insectes impurs et malfaisans pour l'homme, et dangereux pour les végétaux, en dévorent souvent les étamines ; les feuilles de ce pommier sont un peu allongées et d'un vert foncé ; les pommes de rousse ont la peau épaisse et rude ; elles sont d'un gris fauve comme la rainette. Il y a quelques variétés de cette espèce qui sont très-colorées de rouge du côté exposé au soleil. La pulpe de la pomme de rousse est serrée, sèche, très-douce, bonne

à manger crue ou cuite. Ces pommes mûrissent très-tard, comme elles sont de très-
longue garde. Seules elles fournissent un
cidre de bonne qualité, très-coloré, mais
qui devient excellent quand ces pommes entrent seulement pour moitié avec le long-
bois pour faire le cidre. La rousse, la grosse-
morelle, le doux-amer et le germain, quand
il peut être assez long-temps conservé, forment
le meilleur cidre et le plus délicat. Dans le
pays du Maine, où la rousse est très-commune,
on l'emploie seule à faire du cidre qui est de
bonne qualité.

Les sujets de rousse sont très-bons pour
greffer les différentes rainettes, la pomme-
poire et tous les apis.

Le pommier de rousse aime sur-tout les
fonds de terres fortes du département de
l'Orne, où il est très-commun, et où il devient très-beau par les soins du cultivateur.

ESPÈCE TROISIÈME. — *Le pommier de fer.*

Le pommier de fer du département de
l'Orne, le ferré de l'Eure, la coquerelle dure
de la Seine-Inférieure, la grosse coquerelle,
le matois dur, la bataille, tous noms qui lui

sont donnés ou de la dureté du bois noyeux de l'arbre, ou de celle de son fruit.

Les branches du pommier de fer sont grosses et relevées, ce qui le fait paroître très-touffu. Sa fleur, de moyenne grandeur, paroît vers les premiers jours de juin; ses feuilles sont d'un beau vert foncé en dessus et beaucoup plus pâle en dessous; elles sont larges et légèrement dentées.

La pomme de fer est d'un gris roux, surtout du côté exposé au soleil; sa pulpe, d'un blanc verdelet, est douce, peu sucrée et succulente, ce qui fournit une des meilleures qualités de cidre.

Ce pommier est assez cultivé aux environs de Pont-Audemer, d'Argentan et de Vire; il l'est également dans les arrondissemens de Louviers; mais ses fruits y perdent beaucoup de leur qualité. Il aime une terre légère et sablonneuse. Sa greffe réussit volontiers sur les sujets de pommier sauvage.

ESPÈCE QUATRIÈME. — *L'oranger.*

Le pommier décoré de ce beau nom dans le département de la Seine Inférieure, soit parce que cet arbre a tout le port de l'oranger, soit parce que le cidre qu'il produit a une saveur qui approche de celle de l'orange, prend le nom d'orgueil dans celui de l'Orne, d'omelette dans la Somme, de gros-roquet dans le Calvados, de marie-enfré, marie-lanfri dans l'Eure et dans plusieurs autres pays.

Cet arbre croît lentement; il pousse assez droit, il se pose bien sur ses racines et sur son tronc, il prend de lui-même la forme agréable de l'oranger, ce qui le rend propre à former des avenues et pour les belles plantations des grandes routes, où il ne cause aucun dommage ni par ses racines, ni par son ombre. Ses feuilles étroites sont couchées le long de ses rameaux; ses fleurs, dont les pétales sont blancs font l'ornement des campagnes en juin.

Les pommes de l'oranger sont un peu allongées, d'un beau jaune citron faiblement lavé de rouge du côté du soleil. Leur pulpe est blanche, ferme, d'un goût très-agréable et sucré qui plaît beaucoup aux habitans des campagnes; ils en amassent d'autant plus volontiers qu'elles se gardent une année entière quand on sait les garantir de l'humidité et de la gelée (1). Cette espèce de pomme est très estimée pour les cidres de première qualité ; mais il faut qu'elle soit mêlée avec d'autres pommages , car son suc est si épais qu'elle ne donne seule que du sirop.

On choisit de préférence les sujets d'oranges pour greffer les apis , les pigeons et de Jérusalem , les passe – pommes et toutes les pommes des jardins et des vergers.

ESPÈCE CINQUIÈME. — *Le jaunet dur.*

Le jaunet dur , le jaunet , le gaunet , le ganelle, est connu par-tout. Il croît lentement,

----

(1) Pour conserver les pommes et les garantir de la pourriture , il faut les cueillir en y portant une main légère et en les détachant facilement de l'arbre un peu avant qu'elles aient atteint leur maturité. On a placé d'avance un tonneau défoncé par son extrémité supérieure dans un lieu sec , et l'on s'est muni de pois d'orge qui n'a pas été mouillée et qui n'a contracté aucune mauvaise odeur. On garnit le fond du tonneau d'une couche de 4 à 5 pouces de pois; alors il faut prendre ses pommes une à une par le pédoncule, et les placer séparément sur leur œil, afin de leur maintenir la même position qu'elles avaient sur l'arbre. Votre rang fini, on le couvre du même pois, et on continue ainsi de suite jusqu'à ce que le tonneau soit rempli; les pommes dures et pas trop mûres se conservent ainsi plus d'un an.

nourrit bien son bois qui est blanc et dur. Ses branches latérales se divisent horizontalement en s'entrelaçant les unes dans les autres, de manière qu'il est si fourré qu'il est difficile d'y monter pour secouer les fruits. Cependant il prend peu d'étendue, ce qui lui donne une forme assez agréable ; mais il est presque par-tout couvert de mousses, de lichens et de gui, ce qui l'expose à être continuellement dévoré par des milliers d'insectes. Les fleurs du jaunet dur ont les pétales d'un blanc sale ; elles sont très-petites et elles paraissent avec toutes celles du mois de mai. Les pommes qui leur succèdent sont d'un jaune doré avec quelques tubercules sur la peau ; leur chair ou pulpe est blanche tirant sur le jaune, ferme et aussi cassante que la rainette franche ; elles sont d'une saveur très-sucrée, et le cidre qui en est exprimé est fin, de bonne garde et un des meilleurs pour mettre en bouteilles. C'est ainsi que les pommes de jaunet dur, de rousse et d'oranges, fournissent les premiers cidres. Le pommier de jaunet dur aime les terrains un peu *caillouteux*. Les jeunes sujets de cette espèce sont très-propres pour les greffes des pommes de calville-rouge et de calville-blanc.

ESPÈCE SIXIÈME. — *Le doucet.*

Le doucet dans différens cantons de la Seine-Inférieure, le petit doucet de l'Eure et du Calvados, le muscadet de Seine-et-Oise, le rouget de la Somme et de l'Orne, tire probablement son nom de la douceur de son écorce, de celle de son bois, et de la douceur et de la couleur de son fruit.

Ce pommier croît très-vite ; aussi devient-il promptement haut et à gros bois, ce qui lui fait occuper une grande étendue de terrain. Cependant on le plante volontiers dans la plaine, parce que ses branches, quoique horizontales, ont assez de force pour se soutenir dans leur direction ; son écorce douce, lisse, est peu sujette aux mousses. Les pommes de doucet sont rondes et bien panachées de rouge et de jaune, ce qui leur donne un coloris agréable. Leur pulpe est très-blanche, juteuse, cassante et d'une douceur très-agréable ; elles font un bon cidre avec le long bois et la rousse ; on les mange crues, et elles trouvent souvent leur place dans les desserts du printemps, parmi les fruits les plus distingués de la saison.

Les jeunes sujets de doucet sont très-recherchés pour les greffes de passe-pomme, de fenouillet et de toutes les autres espèces de pommiers précoces.

Cet arbre aime un bon fond et l'exposition du midi.

ESPÈCE SEPTIÈME. — *Le touffu.*

Le pommier touffu est ainsi nommé de ce que ses branches épaisses sont serrées entre elles ; il est également connu sous les noms de taffu dans le département de l'Orne , de mort-jaune dans celui de la Somme, et de muscadet dans plusieurs cantons de différens pays.

Le touffu est particulièrement cultivé dans les départemens de l'Orne et de la Somme. Il y croît vigoureusement dans les terres siliceuses , ferrugineuses ; il y prend une assez bonne forme , et sa tige torse peut être considérée comme un de ses caractères particuliers.

Cet arbre se plaît sur-tout dans les masures un peu basses et garanties du vent du nord ; par-tout ailleurs il n'est que d'une taille ordinaire ; ses branches sont toujours garnies d'une grande quantité de bourgeons menus , très-longs, droits et couverts d'un duvet très-fin, d'un rouge tirant un peu sur le violet ; ses fleurs, qui paraissent en mai, sont blanches et

5

comme chiffonnécs vers leur onglet; elles sont très-sujettes à être roussies par les vents roux, ce qui s'oppose à son rapport qui serait très-grand tous les ans ; ses feuilles sont longues, étroites et pliées en gouttière.

Les pommes du touffu sont de grosseur moyenne ; leur pulpe est fine, tendre, sans odeur ; leur peau, rude au toucher, est d'un gris tirant sur la couleur de ventre de biche faiblement lavée de rouge du côté du soleil.

Ces pommes fournissent un suc épais qui a besoin de mélange pour faire un cidre passable. Cet arbre, qui demande une terre forte, n'existe pas plus de 70 ans.

ESPÈCE HUITIÈME. — *Pommier à sonnette.*

On donne ce nom, dans les départemens de l'Orne, de l'Eure et du Calvados, et de cotelée ou colletée dans celui de la Seine-Inférieure, à un pommier vigoureux dont les extrémités des branches toujours grosses se soutiennent horizontalement sans se courber vers la terre. Il est, dans toutes ses parties et principalement autour de ses nœuds, chargé de gros bourgeons un peu coudés sur chaque nœud. Ces bourgeons sont rougeâtres du côté du midi et couverts, sur toute leur étendue, d'un léger duvet ; ils sont larges, aplatis et soutenus par des supports également larges. Les feuilles du pommier à sonnette sont grandes et pubescentes, tandis que ses fleurs, dont les pétales se trouvent roulés sur leurs bords, sont petites et très-sensibles aux vents de nord et nord-ouest.

Les pommes sonnettes ne sont pas très-grosses, mais elles sont allongées ; leur œil est large et placé au centre d'une cavité garnie de plusieurs rides ; leur pédoncule est long et menu , leur peau unie et brillante d'un jaune citron ; leur pulpe mollasse, douce et succulente, est blanche sur les bords et verdâtre vers le centre. Les cellules des pépins sont grandes, tandis que les pépins sont petits, ce qui est cause qu'ils s'y détachent facilement, sur-tout lorsque le fruit est parvenu à sa maturité. Ils font alors du bruit lorsqu'on agite la pomme, ce qui lui a mérité le nom de sonnette.

Cet arbre est d'un beau bois, bien veiné ; il aime les terrains arides, mais il n'y existe pas plus de 50 ans.

ESPÈCE NEUVIÈME. — *Le tard-fleuri.*

Le pommier connu par-tout sous cette dé-nomination, excepté dans quelques cantons où on lui donne le nom de blangy ou de goudron, est un arbre droit et maigre en branches ; ses fleurs, qui sont les dernières du printemps, sont d'un beau rouge très-éclatant ; leur beauté est d'autant plus saillante qu'elle est encore relevée par de larges feuilles d'un vert clair et luisant qui les accompagnent. Le fruit qui leur succède est rouge, d'une pulpe douce, dure, serrée et sèche, qui noircit aussitôt qu'elle est meurtrie ou exposée au contact de l'air.

La pomme du tard-fleuri, mêlée avec la morelle, le touffu et le long-bois, donne un cidre de bonne qualité.

Ce pommier se plaît par-tout, sur-tout dans les lieux abrités, où il existe long-temps.

ARTICLE II.

Pommiers tardifs à fruits durs, d'une saveur acide.

ESPÈCE PREMIÈRE. — *Le long-bois.*

Le long-bois, le louray de l'Orne, le haut-bois de l'Eure, le ménerbe du Calvados, haute-branche de Seine-et-Oise, et l'étendu de la Seine-Inférieure, est de tous les pommiers celui dont la crue est la plus prompte et dont les branches sont les plus droites sans s'entrelacer

les unes dans les autres. Il prend de lui-même
une forme agréable, et sa cime est si régulière
qu'on croirait volontiers qu'elle aurait été taillée
avec le croissant. On peut le planter sur le bord
des grandes routes, en faire des avenues d'a-
grément et des quinconces à travers les terres
de labour, où il laisse librement passer la charrue
autour de son tronc qui est élevé.

Le long-bois fleurit au commencement de
mai, ce qui est cause qu'il n'est pas très-cultivé, quoiqu'il soit d'un bon rapport, parce qu'il
est souvent dévasté par les gelées du printemps.
Cet arbre demande à être séparé des autres
pommiers. Son fruit petit, ferme et d'un blanc
jaune, est à long pédoncule ; il est d'une saveur acide assez forte pour donner du corps et
de la qualité aux cidres dont il fait partie de la
combinaison, soit pour un quart, soit pour un
tiers

Ce pommier aime une terre forte et bien
abritée des mauvais vents.

ESPÈCE SECONDE. — *Pommier de gros-doux vert.*

Le pommier de gros-doux vert, binet-dur
ou gros-bineu, est d'autant plus à rechercher
des cultivateurs, qu'il réussit dans tous les terrains. Il croît très-rapidement, et il s'élève par-

tout à une belle hauteur en prenant toujours un diamètre proportionné à sa taille, ce qui lui donne une belle forme et le rend très-propre à former des avenues régulières ; ses fleurs sont blanches ; ses feuilles d'un vert gai, sont petites et très-multipliées.

Les pommes de gros-doux vert sont rondes, d'un vert pâle, faiblement colorées et presque toujours piquées de taches rouges. Ces fruits durs, cassans et d'une saveur verte et acide, ont l'ombilic en croissant, l'œil rond et un peu enfoncé. Cet arbre existe très-long-temps, fournit un bon bois pour le chauffage et de beaux sujets pour la greffe ; son fruit peut entrer pour un tiers dans quelques combinaisons d'un cidre trop épais.

ESPÈCE TROISIÈME. — *Pommier de gros-dur.*

Le gros-ferré de l'Orne, le gros-fer de la Seine-Inférieure, le gros-coq de l'Eure, croît très-promptement ; ses branches, qui s'élèvent graduellement et perpendiculairement, forment un corps arrondi assez agréable ; ses fleurs larges et roses ne paraissent qu'à la fin de mai ; ses feuilles sont longues, étroites et dentées ; elles ont leur pétiole très-court. Les pommes du gros-dur sont oblongues, grises, et elles ont le pédoncule très-long ; leur pulpe est ferme, dure, cassante et d'une saveur âpre ; seules, ces pommes donnent un cidre trop fort ; il faut qu'elles soient combinées avec le gros-amer, le gros-doux ; c'est alors qu'elles forment un excellent cidre pour mettre en bouteilles et pour le garder long-temps.

Ce pommier se plaît dans les terres de labour un peu basses et couvertes. Il paraît qu'on lui a donné le nom de gros-dur parce que son tronc devient très-gros, et qu'il est rempli de gros nœuds plus durs que le fer ; le bois de ce pommier, qui est très-serré, est particulièrement recherché pour monter des outils de menuiserie.

ARTICLE III.

Pommiers tardifs à fruits durs, d'une saveur amère.

ESPÈCE PREMIÈRE. — *Le pommier de bec-d'âne.*

Le bec-d'âne, le bédangue ou bédan, qui est ainsi nommé de ce que l'âne en recherche les fruits et les savoure avec plus d'avidité que tous les autres, est cultivé avec assez de soin dans les arrondissemens de Pont-Audemer, de Bernay, de Bourgachard, et dans les départemens du Calvados et de l'Orne. Ce pommier pousse avec vigueur des branches plus longues les unes que les autres, ce qui lui donne une forme désagréable qui le rend peu propre à être planté dans les champs, parce que les branches touffues y prenant une direction horizontale, s'étendent beaucoup et tombent si bas que la charrue ne peut pas passer dessous, ce qui rend aussi son ombre si épaisse qu'on ne peut rien espérer du terrain qu'elle couvre.

Le pommier de bec-d'âne est un des plus cultivés, parce qu'il est d'un très-bon rapport; ses fleurs peu apparentes ne se développent que vers la fin de mai; elles sont ordinairement précédées par des feuilles qui sont assez larges et pointues. Les pommes de bec-d'âne sont oblongues, d'un vert jaunâtre, cassantes, succulentes et d'une saveur amère : c'est de toutes les pommes les plus abondantes en cidre; mais ce cidre est clair, maigre et faible en couleur, lorsqu'il est le seul produit de cette pomme; tandis qu'il prend du corps, qu'il devient beau et de première qualité lorsqu'il se trouve en combinaison avec le jus des pommes de peau de vache, de long-bois, de rousse et de jaunet. On peut dire que la pomme de bec-d'âne donne seule de la qualité à toutes les combinaisons où elle se trouve.

Le pommier de bec-d'âne aime les terres fortes; mais il faut avoir soin de lui découvrir les racines du collet au moins tous les deux ans.

ESPÈCE SECONDE. — *Le barbari-dur.*

On connoît deux espèces de pommiers sous le nom de barbari dans plusieurs départemens, le gros et le petit; on croit que l'un et l'autre doivent leur nom à l'âpreté de leurs fruits. Le premier croît promptement, et il a ordinairement de grosses branches surchargées de rameaux courts, mais très-forts; ses fleurs sont grandes et d'un beau blanc; elles ne s'épanouissent qu'en mai.

Le petit barbari ne croît pas avec la même promptitude; ses fruits sont beaucoup plus petits, mais ils sont de la même forme et ils ont les mêmes nuances et les mêmes qualités : la pulpe de ces fruits est très-ferme, et elle est, dans l'une et l'autre espèce, d'une saveur amère dégoûtante. Les pommes de barbari entrent volontiers dans toutes les combinaisons jusqu'à la concurrence d'un quart, pour donner de la qualité au cidre. Ces pommiers peuvent être plantés par-tout; ils sont indifférens sur la qualité du sol.

ESPÈCE TROISIÈME. — *Le pommier amer-tardif.*

L'amer-tardif, l'amer-mousse, ainsi nommé ou de ce que ses fruits amers sont les derniers à récolter, ou de ce qu'ils font mousser le cidre qui en est formé, est un arbre de taille moyenne, très-touffu, ce qui est cause qu'il couvre de son ombre épaisse une assez grande étendue de terrain ; son bois dur est dans tous les terrains couvert de lichens ; ses fleurs sont larges et d'un beau rose, et ses feuilles d'un vert foncé. Les pommes d'amer-tardif sont très-aplaties ; elles ont l'œil et l'ombilic peu enfoncés ; leur pulpe tendre est très-amère et propre à donner de la qualité aux cidres ; il faut prendre soin de bien garantir ces pommes de la gelée, car elles y sont très-sensibles.

Ce pommier se plaît dans les masures peu habitées, où il se trouve libre et à l'abri du nord ; en greffant l'amer-tardif sur différens sujets, on en obtient de très-gros fruits qui varient quelquefois pour la forme.

COROLLAIRE.

Il résulte de cette notice : 1°. qu'en dégageant le pommier à cidre de cette foule de noms vulgaires, pour ne le plus connaître que sous celui qui lui est propre et qui suffit pour en donner une juste idée, on diminue considérablement le nombre d'espèces, confondues sous des noms qui ne faisaient que nuire à la culture de cet arbre utile; 2°. que la vraie qualité du cidre est subordonnée à une combinaison raisonnée des pommes de chaque saison; 3°. enfin, qu'il est nécessaire, pour réussir dans la culture du pommier et dans la fabrication des cidres, d'employer des moyens indiqués par la nature, découverts par l'industrie et acquis par l'expérience.

Le cultivateur qui jusqu'à ce jour a peut-être marqué trop d'insouciance à l'égard de la culture du pommier à cidre, doit, pour peu qu'il désire jouir de son avantage, se considérer comme s'il venait de faire l'acquisition de son domaine. Alors il doit commencer par s'informer quel est celui de ses voisins qui jouit

de la plus grande réputation pour bien cultiver ses terres et pour faire le meilleur cidre;
dès qu'il l'a découvert, il doit s'appliquer à
comparer la nature du sol, la position·et les
différens sites des propriétés de ce sage agro-
nome, avec la nature et l'exposition du terrain
qu'il veut cultiver. Qu'arrive-t-il de cette
conduite sage et prudente? c'est que, après
avoir médité, il se soumet d'abord à une imi-
tation servile pour tâcher de bien faire; mais
bientôt il conçoit qu'il est en état de suivre
les sages inspirations de son propre génie, et
de se livrer avec d'autant plus de sécurité à
ses connaissances, qu'elles sont le résultat de
l'expérience et le fruit d'essais, en petit d'abord
pour ne pas compromettre ses intérèts, mais
bientôt en grand pour jouir de tous leurs avantages. C'est alors qu'il saura que l'amélioration des cidres consiste non-seulement dans la
connoissance du terrain qui convient au pommier et dans la manière de le bien cultiver,
mais encore dans l'exacte combinaison des
pommes douces, acides et amères, et dans
certaines pratiques, et sur-tout dans une grande
propreté dans la fabrication des cidres.

ARTICLE PREMIER.

Du terrain qui convient à la culture du pommier.

Le père de famille qui veut planter le pommier pour en faire une spéculation rurale, se tromperait lui-même et tromperait l'espérance de ses héritiers, s'il ne consultait pas la nature du sol où il veut établir sa plantation.

Les terres destinées à la plantation sont, ou siliceuses, ou alumineuses, ou calcaires; les siliceuses sèches et arides sont celles qui conviennent le moins au pommier, même dans les fonds humides, parce que les fruits qu'on y recueille ne fournissent qu'un cidre clair, sans couleur et très-acide; cependant il y a certaines parties de sables jaunes un peu substantiels qui sont assez bons; mais les noirâtres à mi-côte sont les meilleurs, tandis que les sables blancs et les gris, qui sont ordinairement talqueux ou micacés, quoique ayant du corps, ne produisent jamais rien de bon.

Les terres alumineuses franches, et celles qui, sans être argileuses, sont plus que médiocrement fortes, ne produisent que des pommes sans saveur déterminée, quoique le pommier croisse assez rapidement dans ces lieux pour jeter, en peu de temps, un beau bois qui se couvre tous les ans de fortes feuilles très-épaisses, d'un vert très-foncé.

Les terrains calcaires sont assez bons pour le pommier; mais le cidre qui en provient a ordinairement un goût de terroir désagréable, sur-tout dans les années chaudes.

Les terres pierreuses, graveleuses et glaiseuses, n'offrent pas également les plus grands avantages pour la culture du pommier; ils y produisent bien des fruits assez délicats, mais qui sont toujours maigres, d'une pulpe mollasse et peu succulente.

Pour que le pommier soit franc, abondant et de bonne qualité, il lui faut une terre meuble, qui ne soit ni trop forte, ni trop légère, ni trop fine, ni trop désunie, mais ayant toujours assez de corps.

Ou le terrain qu'on veut planter est bas, humide et formé de terres fortes et argileuses, ou il est élevé, sec, aride et composé de sable siliceux; dans l'un et l'autre cas, il doit être travaillé de manière à convenir au plus grand nombre des différentes espèces de pommiers.

Dans les terrains bas et humides, il faut, pour établir l'équilibre entre les substances végétatives, employer les terres calcaires : le travail est bien simple ; comme le pommier n'aime pas la grande humidité, il suffit, pour l'absorber, de donner aux fossés, lorsqu'on veut planter un arbre, assez de profondeur et de largeur. Quelques centimètres de plus ou de moins doivent être peu de chose pour celui qui plante un arbre dans un lieu qu'il doit occuper pendant plus d'un siècle. Il faut remplir ces fosses d'une bonne terre composée d'un tiers de terre végétale, soit qu'elle soit prise sur le lieu, soit qu'elle y ait été transportée d'ailleurs; d'un tiers de marne (1) grossièrement brisée, et d'un tiers de sable et de tuf réduit en poussière en partie égale avec le sable. Ce mélange absorbe l'humidité, excite

---

(1) La marne, dont il est ici question, est la marne d'engrais, d'un blanc gris, quelquefois tachée de jaune; elle est compacte, pesante, dure, peu tenace, poreuse et très-facile à décomposer à l'air, à l'eau et à la gelée ; ayant été mouillée par la pluie, elle se réduit facilement en poudre après quelques jours de chaleur. Sèche, elle paraît tendre et très-disposée à se désunir; elle est d'une saveur douce et onctueuse. La nature, toujours bienfaisante dans ses distributions, nous la présente par-tout; on

les premiers mouvemens de la séve, fait rapidement développer les racines, ce qui donne une bonne assise à l'arbre, qui en profite pour s'acclimater au sol et y réussir.

Si le terrain est haut, sec, aride et sablonneux, le pommier s'y plaît volontiers; mais, pour lui donner de la vigueur et de la qualité, il faut également remplir les fossés de ces arbres de terre végétale combinée avec une certaine quantité de curure de mare, de fond de rivière ou de bourbe de fossés, ayant le plus grand soin de ne pas mettre ces diverses matières en grosses masses, mais de les diviser autant qu'il est possible; car, ces engrais enfouis en masses entières dans la terre, s'y durcissent et y conservent leurs formes, sans produire aucun effet, quelquefois dix ou douze ans et davantage, ce qui tromperait l'espoir du cultivateur et rendrait son travail inutile. Dans l'un et l'autre cas, le pommier ne doit pas se trouver trop enterré; il suffit de le placer droit au milieu de la fosse, et de l'enfoncer

---

la trouve dans presque tous les départemens, où elle sert au cultivateur à seconder ses efforts pour fertiliser les terres qu'elle engraisse, qu'elle échauffe et qu'elle améliore pour vingt-quatre à trente ans.

dans la terre jusqu'au collet de sa racine (1) et pas plus avant : car il est aussi dangereux pour l'arbre de le mettre très-avant dans la terre, comme de ne pas l'y mettre assez. Il faut avoir soin d'en bien étendre les racines sur des mottes de gazon renversé, de manière que les racines du gazon touchent celles du pommier; de les bien couvrir de bonne terre meuble, bien foulée et butée au pied de l'arbre.

Le pommier n'exige jamais d'engrais, et si quelqu'un a la fantaisie de vouloir lui en donner, il faut bien se garder d'y mettre du fumier, qui en échaufferait les racines et les exposerait à être dévorées par des milliers d'insectes qui s'y établissent; il faut se contenter de répandre autour, à une certaine distance du tronc, de bon terreau bien consumé.

Lorsque le pommier ne se plaît pas dans un lieu et qu'il s'y trouve couvert de mousses, de lichens et de gui, il faut l'en débarrasser ainsi qu'il suit :

---

(1) On donne le nom de collet de la racine à une espèce d'anneau qui se trouve au bas de la tige et qui semble indiquer le point de départ de la plumule ou tige qui s'élève dans les airs, et de la radicule ou racine qui s'enfonce dans la terre.

6

Prenez une pierre de chaux vive, faites-la dissoudre dans une quantité suffisante d'eau jusqu'à ce que cette eau soit claire, limpide et suffisamment saturée d'acide carbonique; décantez cette eau carbonatée pour en faire, avec de bonne argile jaune et pure, une espèce de peinture dont vous vous servirez pour en couvrir avec un pinceau les tiges et les branches moussues, et vous verrez bientôt avec plaisir la tige et les branches de votre arbre s'affranchir, se dépouiller de toutes les plantes parasites, et prendre une nouvelle vigueur.

Cet article paraîtra peut-être minutieux, mais on l'admettra sans peine lorsqu'on réfléchira qu'en agriculture la négligence des plus petites choses s'oppose aux grands effets de la nature, comme leur usage les seconde souvent d'une manière admirable.

ARTICLE II.

De la greffe du pommier sauvage.

La greffe ou le choix des sujets pour cette opération, n'est pas encore une chose indifférente à la culture du pommier à cidre.

Si les cultivateurs sont d'accord à l'égard

de la greffe en fente du pommier, ils ne le sont pas à l'égard du temps où cette opération doit avoir lieu ; les uns greffent en pépinière avant la transplantation ; et les autres, un, deux ou trois ans après la plantation.

La première manière trouve aujourd'hui des partisans; cependant je tiens à la seconde pour plusieurs raisons.

Celui qui greffe en pépinière attaque rarement un bel arbre, bien fait, proportionné, franc et vigoureux : il choisit au contraire tous les sujets vicieux, soit pour la forme, ou parce qu'ils sont galeux, ou attaqués de chancres; ainsi on doit toujours craindre que l'arbre greffé en pépinière ait quelques imperfections ou quelques mauvais vices dans la séve. Aussi trouve-t-on dans les pépinières d'arbres greffés, des arbres de toutes les formes : les uns sont greffés sur racine ou au pied ; les autres le sont à demi-tige ou en tête.

Les cultivateurs curieux et jaloux de planter leurs terres avec régularité de sujets greffés à une même hauteur, ni trop haut, ni trop bas, mais bien proportionnée pour ne pas mettre d'obstacles aux travaux des champs, sont obligés d'attendre que tous leurs arbres soient parvenus à ce même degré d'élévation, à cet état d'égalité parfaite; que la tête de ces arbres soit bien formée, et qu'ils soient en état de pouvoir supporter la transplantation. Pendant ce temps il y a des sujets qui vieillissent beaucoup plus que les autres; aussi acquièrent-ils bientôt une écorce grise, rude et dure, tandis que les autres jouissent de leur jeunesse et de leur franchise.

Celui qui greffe en pépinière ne peut le faire que sur des sujets en état de supporter cette opération. Est-elle faite, il est obligé d'attendre deux ou trois ans pour que la greffe soit bien consolidée et que la tête de l'arbre soit formée, qu'elle ait pris de la vigueur. En transplantant ses arbres, il est obligé d'en rafraîchir les racines, de tailler celles qui sont rompues, éclatées ou meurtries, et de retrancher celles qui sont par trop égarées du centre; il doit alors rabattre également une partie des branches folles et gourmandes de la jeune greffe afin de la mettre en équilibre et en rapport avec les racines, ce qui souvent la mutile, en dérange l'ordre naturel pour lui donner une autre direction, ce qui cause souvent tant de dommages que souvent la greffe et la moitié de la tige périssent dès la première année.

Dans la greffe en place et après la transplantation, on est assuré de la bonne qualité et du bon état de son arbre, puisqu'on a dû le choisir. Alors sa reprise est sûre, et dès la première année, en le plantant avant l'hiver, on peut le greffer.

Sitôt qu'un pommier est parvenu dans la pépinière à une hauteur convenable, qu'il est en état de résister aux coups de vent et aux rudes attaques des bestiaux, on peut le mettre en place; c'est un préjugé de transplanter un arbre trop fort, comme il est quelquefois dangereux de le planter trop faible.

Pour gagner une année ou deux, ce qui est très précieux en agriculture, il faut planter dans le cours de décembre dans presque toutes les terres. Alors l'arbre a le temps de s'assurer en place avant les fortes gelées. Les premiers effets de la végétation, au mois de mars, feront développer les racines avec plus de force, ce qui donnera de la vigueur à la tête de l'arbre qui appelle la séve, sur-tout, si, contre l'usage barbare de plusieurs jardiniers de routine, on n'en a pas retranché en le plantant toutes les branches pour laisser sa tige comme un vrai chicot. Il est d'une utilité reconnue par l'expérience, qu'il faut rabattre les branches d'un arbre en le plantant; mais il faut le faire avec connaissance et avec précaution. Celui qui travaille selon les principes de l'art, et qui veut attirer la séve vers le sommet de l'arbre, qui est la partie la plus délicate et la plus précieuse, doit attaquer les branches à une bonne distance du tronc, en les taillant toujours en zéro près d'un œil, soit en dedans, soit en dehors, selon qu'il est convenable pour donner à l'arbre une forme aussi agréable que commode. Avec cette précaution le pommier, dès la première année, se garnit de jeunes branches d'une écorce verte, lisse, franche, qu'il est facile de diriger à volonté ; autrement cette belle partie de l'arbre se durcit, se crevasse de toutes parts, et finit souvent par se dessécher au moins à moitié.

A la seconde pousse de l'arbre, après sa transplantation, c'est ordinairement le vrai moment de greffer le pommier sauvage. Jusqu'à présent on a fait cette opération de la même manière, c'est-à-dire en fente, et on a assuré sa greffe par une ligature de paille ou de foin, enduite de terre franche délayée dans de l'eau, pour lui donner plus de corps; mais l'art industrieux et toujours actif à saisir ce qui vaut le mieux et ce qui est le plus expéditif, a trouvé aujourd'hui, pour la greffe du pommier, un mastic à-peu-près semblable à celui qui est en usage pour greffer les orangers, les rosiers, etc. Ce mastic est d'autant plus préférable à l'ancienne ligature, qu'il donne toute garantie à l'opération de la greffe en mettant par sa consistance, tout à-la-fois liante et solide, cette partie délicate de l'arbre nouveau à l'abri du contact de l'air, de l'eau, des funestes effets du verglas, des gelées et des grandes sécheresses. Avec l'ancienne manière, les pluies délayent la terre franche, la grande sécheresse fait fendre et détacher la greffe, ce qui donne accès dans la fente, qui n'est pas encore cicatrisée, à une foule d'insectes importuns et nuisibles qui en profitent pour pénétrer jusqu'au-dessous de la greffe qu'ils dessèchent et qu'ils finissent par dessouder pour trouver un asile assuré contre les intempéries des saisons ; tandis que le mastic à la greffe du pommier, dont il est question, pare à tous ces inconvéniens. Des greffes de deux ans, faites avec ce mastic, ont donné sur franc de très-belles poires de gros rousselet, de doyenné blanc et de Colmar; elles ont également bien réussi sur l'abricotier, le cerisier, le pêcher, le prunier, et sur plusieurs autres arbres à fruits, à noyau et d'agrément. Cette manière est beaucoup plus prompte, plus propre et plus certaine ; toutes les personnes qui en voyent

les bons effets en sont tellement surprises, qu'elles
en prennent la recette.

Mastic pour la greffe du pommier.

Dose pour opérer un cent de greffes :

Poix noire.	I once.
Poix de Bourgogne.	1
Arcanson.	1
Cire jaune.	$\frac{1}{3}$
Suif de bœuf..	$\frac{1}{2}$
Cendres tamisées.	$\frac{1}{3}$

MANIÈRE DE FAIRE LE MASTIC.

Le tout doit être mis dans un pot assez grand pour
qu'en bouillant le mélange ne s'élève pas au-dessus du
pot, ce qui serait dangereux à cause du feu. Il faut laisser
bien fondre à petit feu l'amalgame, en remuant toujours
jusqu'à ce que le tout soit parfaitement fondu et uni.

On place la greffe selon l'usage ; il faut seulement,
lorsqu'elle est placée, bien enduire les deux côtés de la
fente, ainsi que le dessus, d'une assez grande quantité
de mastic. Pour bien couvrir toute la plaie et ses lèvres, il
est utile de rabattre la greffe à deux yeux seulement, et
d'en boucher l'extrémité avec le même mastic, ce qui
concentre l'ascension de la séve de manière à la diriger
vers les yeux. On fait cette opération à l'aide d'un petit
pinceau et d'un peu de cendres chaudes qu'on a à côté
de soi, pour entretenir le mastic toujours liquide et
coulant.

Il reste encore une observation à faire sur
la manière de greffer le pommier ; c'est de faire

en sorte que cette greffe soit toujours en rapport direct avec le sujet qui la reçoit. Il faut avoir le plus grand soin de ne pas placer une greffe d'un sujet précoce sur un sujet de pleine saison, et encore moins sur un sujet tardif, et ainsi des autres ; mais il faut toujours la placer, autant qu'il est possible, sur un sujet de même saison ; autrement on aurait le désagrément d'avoir des arbres avec des renflemens difformes qui nuisent souvent à la transplantation, et qui donnent toujours des greffes faibles et délicates.

ARTICLE III.

De la combinaison des pommes pour faire le cidre.

La combinaison des pommes pour faire le cidre consiste à mêler ensemble des proportions déterminées de ces différens fruits, afin d'obtenir de leur analogie des résultats plus énergiques, plus généreux et plus propres à la bonne qualité de cette boisson ; autrement tout mélange est faux et nuisible à sa bonne fabrication.

C'est pour obtenir cette heureuse combinaison du doux, de l'acide et de l'amer, que le cultivateur doit examiner avec soin l'époque à laquelle chacun de ses pommiers laisse volontiers tomber ses pommes, non verreuses, pour en pouvoir conclure qu'elles sont toutes parvenues à leur degré de maturité. Il récolte ainsi ses fruits avec aisance, moins de fatigue, plus promptement et sans ébranler les racines de ses arbres en les secouant avec violence, ni sans faire tomber les pommes à grands coups de gaule, qui ébranlent les arbres, meurtrissent les fruits et mutilent tellement les branches, que l'arbre s'en ressent pendant plusieurs années.

Toutes les pommes ainsi récoltées doivent être mises en autant de tas qu'il y a d'espèces différentes de pommiers dans le champ; on les rapproche les uns des autres selon qu'ils sont destinés à être pressurés ensemble. On laisse ces tas ainsi à l'air libre jusqu'à ce qu'ils soient parvenus à leur maturité, ce que l'on reconnaît par la couleur que prennent les fruits et par l'odeur qu'ils répandent.

L'expérience apprend que les tas de pommes doivent être secs et exhaler une odeur ambrée vineuse et agréable à l'odorat, ce qui arrive et ce qu'il est facile de reconnaître lorsqu'un certain nombre de ces fruits est atteint de taches brunes ou noires sur la peau, sans

que la pulpe cependant soit pénétrée de pourriture ; car alors il faudrait séparer du tas
toutes les pommes qui en seraient attaquées.
Tel est le moment à saisir pour la brassaison,
qui doit être suivie, uniforme, prompte et la
plus complète qu'il soit possible, en jetant, dans
chaque tour du pressoir, une portion des différens tas de pommes, selon la proportion indi-
quée ; on jette ensuite dans la grande cuve le
marc sur l'émoi du pressoir qui est propre et
disposé pour le recevoir. On y assied ce marc
(après l'avoir laissé à-peu près dix-huit heures
macérer avec son jus dans la cuve pour lui
donner une belle couleur) par couches de
trois à quatre pouces d'épaisseur, séparées les
unes des autres par des lits de paille, de toile
ou de cuir, comme font les Anglais. Si on
fait usage de paille, il faut avoir le plus grand
soin qu'elle soit fraîche, qu'elle n'ait contracté
ni odeur, ni moisissure, ni acidité ; d'où il
résulte que la même paille ne peut pas servir
deux fois de suite. Le marc ainsi disposé, pour
être bien assis, doit offrir la base d'une pyra-
mide tronquée d'un mètre 50 centimètres de
haut sur 2 mètres de base; alors on serre avec
force pour obtenir, le plus promptement possible, toute la liqueur.

C'est ici qu'il faut observer la plus grande propreté. A fur et mesure que la liqueur s'écoule du marc sur l'émoi, on l'introduit à travers un tamis dans des futailles bien nettes, sans odeur et en bon état, qu'il faut remplir de suite; elles doivent être établies, débondées, sur un chantier élevé et couvert, dans un lieu bien aéré et d'où on a le plus grand soin d'éloigner l'humidité et tous les fruits et toutes les herbes qui pourraient y entrer en fermentation et en putréfaction. On attend alors le moment de la fermentation, qu'il ne faut troubler ni interrompre par aucun mouvement, ni mélange, puisque c'est de sa propre énergie et du développement du gaz carbonique et de ses molécules *saccharines*, plus ou moins favorisé par la température de l'atmosphère, et de la contenance des futailles, que dépend le plus ou le moins de délicatesse dans les cidres. Quand la déjection par la bonde est considérable, et que l'écume se colore d'un rouge brun luisant, c'est un augure favorable. On laisse déposer la lie pendant quelques jours, et dès que la dépuration paraît faite, on soutire le cidre au clair et on l'entonne promptement dans de nouveaux vaisseaux bien lavés, qu'il faut remplir entièrement de suite pour prévenir l'odeur et le goût d'éventé dont est très-susceptible le cidre nouvellement fait. Lorsque les vaisseaux où on dépose le cidre tiré au clair sont entièrement remplis, on les bonde de suite, en réservant seulement à côté de la bonde, l'évent d'un trou de vrille dans lequel on fait entrer trois ou quatre brins de paille, vu qu'il s'y renouvelle une seconde, mais légère fermentation, qu'il faut encore laisser tomber avant de chasser à fait le fosset de bois qui doit le fermer.

Telle est la manière d'opérer pour obtenir un cidre léger, vineux et délicat. Dans la plupart des exploitations rurales, on entonne de suite la liqueur au sortir de l'étreinte du pressoir, dans les tonneaux où elle doit rester; on les remplit en entier et on y laisse le cidre bouillir et fermenter dans le même lieu autant qu'il le peut; et après sa déjection par la bonde, on conserve le cidre sur sa lie, ce qui lui donne beaucoup plus de force et le met en état de se conserver long-temps; mais il est moins fin, moins savoureux, plus acide et moins bienfaisant.

Il arrive souvent dans les terres fortes, froides et humides, que le cidre épais, lourd et visqueux, se dépure plus difficilement; mais on a trouvé plusieurs moyens d'accélérer cette opération importante.

Quelques cultivateurs, comme dans le département du Calvados, répandent, pour clarifier le cidre, une ou deux poignées de marne ou de terre calcaire bien pulvérisée dans l'auge du pressoir, au moment de la trituration ; ce qui produit un bon effet, tant sur le cidre pur que sur la boisson, c'est-à-dire sur le cidre qui contient une certaine quantité d'eau. D'autres, dans le département de l'Eure, dans le Roumois où les cidres sont connus pour avoir beaucoup de corps et de la qualité, y mettent une certaine dose de cendres bien tamisées.

D'autres enfin, dans plusieurs pays pour épurer leurs cidres, sur-tout dans les années pluvieuses et dont les automnes sont assez froides pour s'opposer à la maturité des fruits, aident à la fermentation par des chaudronnées bouillantes de moût de cidre qu'ils versent dans leurs futailles au moyen d'un entonnoir dont la douille est assez longue pour conduire cette chaleur auxiliaire jusqu'au centre de la masse liquide, ce qui détermine bientôt son épuration ; mais tous ces moyens et beaucoup d'autres également usités pour la façon des cidres, deviennent inutiles à ceux qui savent saisir le véritable point de maturité des fruits, et qui savent les combiner d'après les principes connus.

*Tableau de la combinaison des pommes
dans la fabrication des cidres.*

PREMIÈRE CLASSE.

*Mélange de pommes précoces pour les cidres
de première saison.*

Noms.	saveur.	quantité.	qualité du cidre.
Doux à l'agneau.	douce.		
Ambrette.	acide.		
Gros-blanc.	acide.	$\frac{1}{4}$	médiocre.
Gros-amer doux.	amère.		
Frangée.	douce.	$\frac{1}{3}$	
Ambrette.	acide.	$\frac{1}{4}$	médiocre.
Avoine.	douce.	$\frac{1}{3}$	
Friquet.	amère.	$\frac{1}{3}$	
Gros-jaune.	douce.		
Gros-blanc.	acide.		
Avoine.	douce.	$\frac{1}{5}$	passable.
Coqueret.	acide.		
Blanc.	amère.		
Friquet.	amère.		
Blanc.	amère.		
Ambrette.	acide.	$\frac{1}{4}$	assez bonne qualité.
Frangée.	douce.		

Nota. Le gros-blanc peut entrer pour un quart ou pour un cinquième dans toutes les combinaisons de pommes pour les cidres de cette première brassaison.

CLASSE SECONDE.

*Mélange des pommes de pleine saison,
cidres assez forts.*

Noms.	saveur.	quantité.	qualité du cidre.
Ecarlate.	douce.		
Gros-œil.	acide.		
Amer-doux.	amer.	$\frac{1}{3}$	cidre ordin.
Gros-jaune.	doux.		
Béquet.	acide.		
Gros-doux.	douce.		
Gui-chaumont.	douce.		
Courte-queue.	acide.	$\frac{2}{3}$	cidre ordin.
Germain.	acide.		
Amer-rouge.	amère.		

Nota. Le gui-chaumont fournit seul un
cidre de médiocre qualité.

Noms.	saveur.	quantité.	qualité du cidre.
Rainette sauvage.	douce.		
Doux-évêque.	douce.		
Gros-œil.	acide.	$\frac{1}{4}$	bon cidre.
Petit-amer.	amer.		
Doux-vert.	douce.		
Ecarlate.	douce.		
Amer-rouge.	amère.	$\frac{1}{4}$	médiocre qualité.
Rainette sauvage.	douce.		

Noms.	saveur.	quantité.	qualité du cidre.
Gallot.	très-douce.		
Gros-doux.	douce.		
Doux-évêque.	douce.	$\frac{1}{4}$	bonne qualité.
Amer-doux.	amère.		
Becquet.	acide.	$\frac{1}{2}$.	
Amer-rouge.	amère.	$\frac{1}{4}$.	
Douce-évêque.	douce.	$\frac{1}{4}$.	

Nota. Le doux-évêque seul fournit un cidre fort, mais sans couleur.

Noms.	saveur.	quantité.	qualité du cidre.
Courte-queue.	acide.		
Gros-doux.	douce.	$\frac{1}{3}$	bonne qualité.
Amer.	amère.		

CLASSE TROISIÈME.

Mélange des pommes tardives et dures pour faire les cidres de première qualité.

Noms.	saveur.	quantité.	qualité du cidre.
Dure-peau.	douce.		
Long-bois.	acide.		
Bec-d'âne.	amer.	$\frac{1}{4}$	bonne qualité.
Gros-vert	doux.		
Gros-œil.	acide.		
Petit-Amer.	amère.		
Rousse.	douce.	$\frac{1}{4}$	bonne qualité.
Boquet.	acide.		
Gros-doux vert.	acide.		
Bec-d'âne.	amère.		
Papillon.	amère.	$\frac{1}{4}$	excellente qualité.
Long-bois.	douce.		
Gros-ferré.	acide.		
Gros-amer.	amère.	$\frac{1}{3}$	excellente qualité.
Gros-doux.	douce.		
Bec-d'âne.	amère.		
Peau-de-vache.	douce.		
Long-bois.	douce.	$\frac{1}{5}$	excellente
Rousse.	douce.		
Jaunet dur.	douce.		

Noms.	saveur.	quantité.	qualité du cidre.
Rousse.	douce.		
Long-bois.	douce.		
Grosse-morelle.	acide.	$\frac{2}{5}$	première qualité.
Doux-amer.	amère.		
Germain.	acide.		
Tard fleuri.	douce.		
Morelle.	amère-douce.		
Touffu.	douce et acide.	$\frac{1}{4}$	bonne qualité.
Long bois.	acide.		
Gros-ferré.	douce et acide.		
Gros-amer.	amère.	$\frac{1}{3}$	excellente qualité.
Gros-doux.	douce.		
Jaunet dur.	acide-doux.		
Rousse.	douce.	$\frac{1}{3}$	excellente qualité.
Gros-amer.	amère.		
Oranger.	douce.		
Touffu.	douce et acide.		
Sonnette.	douce.	$\frac{1}{4}$	bonne qualité.
Rousse.	douce.		
Barbari dur.	amère.		
Tard fleuri.	douce.	$\frac{1}{3}$	bonne qualité.
Sonnette.	douce.		
Oranger.	douce.		
Barbari.	amère.		
Rousse.	douce.	$\frac{1}{4}$	excellente qualité.
Long-bois.	acide.		

Telles sont les combinaisons de pommes pratiquées par les cultivateurs curieux de se procurer les meilleurs cidres, et qu'ils vendent toujours plus cher que les autres. Les pommes du boquet seules font un cidre médiocre ; le germain seul produit un bon cidre quand il est bien bien fait ; l'amer-rouge seul donne un cidre très-fort.

D'après ces combinaisons, qui sont le fruit de l'expérience et de longues recherches, ceux qui gardent leurs cidres sur la lie doivent éviter tout remplissage et tout mouvement qui pourrait troubler la combinaison. Si, au contraire, ils les soutirent à clair ou qu'ils les clarifient par les moyens connus, de la colle de poisson, du blanc d'œuf, du sable, etc., ils peuvent le fortifier ensuite par l'addition de quelques seaux de celui qu'ils ont, qui a le plus de corps et le plus d'énergie, pourvu cependant que ce cidre soit toujours de la même *brassaison* et qu'il ait été épuré à-peu-près dans le même temps ; mais ce cidre demande à être consommé sur-le-champ, car tout mélange détruisant l'identité et l'équilibre de la fermentation, précipite la liqueur vers l'acide.

Tableau synonymique des pommiers sauvages selon leurs différentes classes.

CLASSE PREMIÈRE.

Fruits précoces, tendres, d'une saveur douce.

Nᵒ. 1. Fenouillet. Ambrette. Carnette. Précoce.	Passe-pomme.
Nᵒ. 2. Janette. Le jaune.	Jaunet.
Nᵒ. 3. Doux-agnel. Verrai. Veret. Musel. Vérel. Doux à mouton.	Doux-agneau.
Nᵒ. 4. Rayée. Louise. Bâtonnée.	Frangée.
Nᵒ. 5. Haze.	Avoine.
Nᵒ. 6. Grosse-jaune. Belle-femme. Mignonne. Belle-fille.	Gros-jaune.

Fruits précoces, tendres, d'une saveur acide.

Nº. 1. Blanc-mollet.
La blanche.
Pomme de neige.
Grosse-blanche. } Gros-blanc.

Nº. 2. Corée.
Coquerelle.
Matois (petit). } Le Coqueret.

Nº. 3. Vinet.
Cousinette. } Ambrette.

Nº. 4. Paradis.

Nº. 5. Colin.
Colintantoine.
Colintampon.
Saint-Georges. } Cassante.

Nº. 6. Gros-sur.
La pomme sure.
Gros-Charles.
Picard.
Grosse-Saint-Malo.
Matois. } Gros-aigrelet.

Nº. 7. Gros-coq. Coqueret vert.

Fruits précoces, tendres, d'une saveur amère.

Nº. 1. Morelle.
Grande-vallée. } Le Blanc.

Nº. 2. Gros-rétel.
Belle-mauvaise. } Gros-amer doux.

Nº. 3. Frequin.
Fraisquin.
Fréquet. } Friquet.

CLASSE SECONDE.

Fruits de pleine saison demi-durs et d'une saveur douce.

N°. 1. Gros-écarlate. Gros-rouge. Rouget. Le Rouge.	} Ecarlate.
N°. 2. Belle-fille. Damoiselle. Dameret.	} Livre.
N°. 3. Binet. Binen.	} Gros-doux.
N°. 4. Saint-Phillebert. Bonne sorte. Guillaumont. L'Etendu.	} L'Etendu.
N°. 5. Ozane. Belle-ozane. Gannevin. Alouette.	} Rainette sauvage.
N°. 6. Doux-verret. Bérard. Bénévanelle. Matois (gros).	} Doux-vert.
N°. 7. Gâteau.	Gallot.
N°. 8. Doux-auvêque. Pomme d'évêque.	} Doux-évêque.

Fruits de pleine saison, demi-durs et d'une saveur acide.

N°. 1. Doucin.
Petit-doucin.
Boquet. } Béquet.

N°. 2. Cul-noué.
Queue-nouée.
Nouée.
Court-pendu.
Capendu. } Courte-queue.

N°. 3. Gros-barbari.
Gros-œil. } Gros-œil.

N°. 4. Boquet.
Pomme des bois. Pommier sauvage.

N°. 5. Le dur.

N°. 6. Jokes. Germain.

N°. 7. Petite sorte.
Petit-barbari. } Le Petit.

Fruits de pleine saison, demi-durs et d'une saveur amère.

N°. 1. Ganelle. Piquée.

N°. 2. Belle-mauvaise. Gros amer doux.

N°. 3. Rouge-bruyère.
Sully.
Rouge-amer. } Amer-rouge.

CLASSE TROISIÈME.

Fruits tardifs, durs, d'une saveur douce.

N°. 1. Peau de-vache.
Douce-morelle. } Dure-peau.

N°. 2. Roussette.
Petit écarlate. } La Rousse.
Alouette.

N°. 3. Ferré.
Coquerelle dure.
Grosse coquerelle. } De fer.
Matois dur.
Bataille.

N°. 4. Orgueil.
Omelette.
Gros-roquet. } Oranger.
Marie-enfré.
Marie-enfri.

N°. 5. Gaunet.
Ganelle. } Jaunet dur.

N°. 6. Petit doucet.
Muscadet. } Doucet.
Rouget.

N°. 7. Mort-jaune.
Taffu. } Touffu.
Muscadet.

N°. 8. Côtelée.
Colletée. } Sonnette.

N°. 9. Tard fleuri.

Fruits tardifs, durs et d'une saveur acide.

Nº. 1. Haut-bois.
Ménerbe.
Haute-branche.
Etendu. } Long-bois.

Nº. 2. Binet.
Gros-binen. } Gros-doux vert.

Nº. 3. Gros-fer.
Gros-coq. } Gros-ferré.

Fruits tardifs, durs et d'une saveur amère.

Nº. 1. Bédangue.
Bédan. } Bec-d'âne.

Nº. 2. Barbare dur.

Nº. 3. L'amer-tardif.

FIN.

TABLE DES MATIÈRES.

F I N.

www.ingramcontent.com/pod-product-compliance
Lightning Source LLC
LaVergne TN
LVHW012010180726
843502LV00005B/1632